国家重点研发计划（2021YFE0106600）
国家自然科学基金项目（41977155、42077312、42172289）
国家优秀青年科学基金项目（5212200975）
环境专业主干课程群知识图谱建设项目
资助

环境类专业城市圈实习指导书

HUANJING LEI ZHUANYE CHENGSHIQUAN SHIXI ZHIDAO SHU

主　编　鲍建国　李立青　张伟军

图书在版编目(CIP)数据

环境类专业城市圈实习指导书/鲍建国,李立青,张伟军主编.—武汉:中国地质大学出版社,2024.1

ISBN 978-7-5625-5786-9

Ⅰ.①环…　Ⅱ.①鲍…　②李…　③张…　Ⅲ.①环境科学-教学实践-高等学校-教学参考资料　Ⅳ.①X

中国国家版本馆 CIP 数据核字(2024)第 016312 号

环境类专业城市圈实习指导书　　　鲍建国　李立青　张伟军　**主编**

责任编辑:李焕杰　　选题策划:江广长　王凤林　　责任校对:徐蕾蕾

出版发行:中国地质大学出版社(武汉市洪山区鲁磨路 388 号)　　邮编:430074

电　　话:(027)67883511　　传　　真:(027)67883580　　E-mail:cbb@cug.edu.cn

经　　销:全国新华书店　　http://cugp.cug.edu.cn

开本:787 毫米×1092 毫米　1/16　　字数:216 千字　　印张:8.75

版次:2024 年 1 月第 1 版　　印次:2024 年 1 月第 1 次印刷

印刷:武汉市籍缘印刷厂

ISBN 978-7-5625-5786-9　　定价:58.00 元

《环境类专业城市圈实习指导书》编委会

主　编：鲍建国　李立青　张伟军

副主编：崔艳萍　邢新丽　颜　诚　李民敬　吴　剑　宁立波　汪丙国　何　靓　彭　亮　杜江坤　程本爱　陈俊男　王　碧

委　员：周　余　罗凯麒　朱　琳　李岚峰　杜民恺　胡依宁　万伟迪

前　言

子曰："学而时习之，不亦说乎？"(《论语・学而》)古人早已揭示了"习"的重要性，即将所学所问在适宜的时间里进行实践，通过实践，验证和修正所学所问，学以致用，在过程中体验真正的满足感、愉悦感。

"实习"二字的含义是把学到的知识拿到实际工作中去应用，以提高工作能力，即在实践中学习。知识源于实践，归于实践，可将抽象的知识与具体的实践有机统一。

专业认知实习是环境类专业非常重要的基础教学之一，也是本科生认识专业性质、初识专业理论在实际工程中的应用展现形式的重要环节。

在众多的实习中，认知实习有了多年的教学基础，北戴河地质实习、黄石地质实习等积累了非常丰富的实习组织经验，也收到了良好的教学效果。但受新型冠状病毒感染疫情影响，北戴河地质实习改为了武汉及其周边实习。通过教学实践发现，武汉及其周边的污水处理厂、垃圾填埋场、人工湿地、海绵城市建设、矿山环境修复、大气污染与空气质量监测等实习路线和场所，更适合环境类专业本科生认知实习的教学规律，更能契合当前环境类专业就业的需求，更能紧跟环境工程学科发展的最新前沿。同时，编者也深刻体会到了没有相关实习指导书的缺憾。为此，在已有教学实践和其他实习指导书的基础上，编写《环境类专业城市圈实习指导书》是非常必要的，具有重要的教学和实践的指导意义。

城市圈内的污水处理厂、垃圾填埋场、人工湿地、海绵城市建设、矿山环境修复、大气污染与空气质量监测等，是环境类专业学生非常基础的专业认知实习内容。指导书最主要的特色就是围绕城市圈内的环境实习场所进行阐述。

国内尚没有专门针对环境类专业城市圈的实习指导书，本指导书的首创性是体现中国地质大学(武汉)环境类专业的地学特色。

本指导书共分 4 章。第 1 章概述了认知实习基地情况，介绍了武汉城市圈自然环境，描述了实习目的、意义、内容以及实习安全注意事项等；第 2 章介绍了城市圈的形成和对环境质量的要求；第 3 章介绍了野外实习基本方法和技能；第 4 章详细描述了污水处理厂、人工湿地、海绵城市建设、垃圾填埋场、矿山环境修复、大气污染与空气质量监测等实习教学路线和实习内容。

本指导书具有较强的实践性、可视性、可读性和可操作性，可作为环境科学与工程(环境地球科学)大类专业及相关专业的本科生、研究生，以及环境保护管理人员、技术人员等认知实习的教学指导书、培训参考书和实践手册。

本指导书的编写是在中国地质大学(武汉)环境学院领导的提议和关心下完成的,并且得益于中信清水入江(武汉)投资建设有限公司董事、总经理万斌和运营部部长刘赛,武汉武钢绿色城市技术发展有限公司曹利勇,湖北省生态环境监测中心站大气环境监测与预报预警中心孔少飞主任、祝波副主任和肖军工程师,中国地质大学(武汉)周建伟教授的大力支持,他们不但提供了实习的场所,还提供了大量的技术资料和数据,在此,编者表示衷心的感谢!

本书在编写过程中参考引用了大量相关书籍、期刊文献、网站等的资料,主要部分已经列入了本书的参考文献目录,其他文献由于篇幅所限未能详细列出。编者在此对本书参考引用到的所列和未列出的相关资料的作者表示衷心的感谢,对他们的辛勤劳动成果表示敬意!如果有任何疑义,请与编者联系,编者将登门请教、协商。

由于编者水平有限,书中的错误和疏漏之处在所难免,敬请专家、学者和广大读者批评指正。编者邮箱:bjianguo@cug. com。

编　者

2023 年 8 月

目　录

第1章 绪 论

1.1 专业认知实习基地概述

中国地质大学(武汉)历来重视学生的实践教学环节,在多地设有实习基地,为学生提供多种形式、各类层次的教学实习。大学一年级结束后的暑期有北戴河的专业认知实习,大学二年级结束后的暑期有周口店的地质教学实习,大学三年级结束后的暑期有秭归的专业教学实习。这样的实习频次和力度在全国高校中也是少见的。而城市圈实习,又为认知实习添写了浓墨重彩的一笔。

1.1.1 北戴河地质实习基地

中国地质大学"北戴河实习站"位于河北省秦皇岛市山东堡村,地处北戴河海滨区和秦皇岛海港区之间,距山东堡海滩约400m。早在1953年,北京地质学院就在秦皇岛地区开展野外教学活动。1979年秦皇岛地区成为武汉地质学院的野外固定实习点。1984年学校在山东堡村一个荆棘丛生的荒沙滩上建立了相对稳定的实习站,初期建有3排平房和许多活动板房,路面用沙土铺设,用水靠缸装瓢舀,生活条件较为艰苦(图1-1)。长期以来,原地质系普地教研室的老师们克服了重重困难,发扬地质勘探队员艰苦奋斗的优良传统,每年高质量地完成了教学实习任务。

图1-1 建站初期北戴河实习站景色(据1985年实习学生素描)

1994年底,中国地质大学投资220万元修建了综合教学楼,并于1995年暑期投入使用,大大缓解了实习师生住房困难的问题(图1-2),次年又投资修建了锅炉房,解决了洗浴供暖的问题。在历届校领导的关心和支持下,1995年实习站开始与燕山大学开展联合办学。2001年实习站自筹资金 400 多万元，新建了学生宿舍楼（$2000m^2$）和教学楼（$3400m^2$），扩建了食堂和浴室，修建了篮球场和田径场等体育设施。实习站周边环境日益改善，附近有海滨高架桥、燕山大学、中铁一局三处医院和铁路电气化工程局接待处等单位。实习站交通便捷，距风景区北戴河海滨约 7km，距山海关、老龙头景区约 25km，距山东堡海滩约 400m。

图 1-2　实习站主楼（1995 年投入使用，王家生，2004）

在原有实习基地的基础上，经过 20 年的建设，截至 2004 年北戴河实习站拥有固定资产 1000 多万元，建筑面积近15 000m^2。其中教学用房接近 5000m^2，阶梯式多媒体教室 2 个，教室 8 个，学生用电脑教室 2 个（80 座），语音教学实验室 1 个（60 座），地质教学陈列室 1 个。实习站在教学楼、办公室等地配备了网络通信。绿地面积超过 2000m^2，树木茂盛，空气清新。后勤服务设施配套齐全，配有近千套行李铺设，每年暑期接待中国地质大学北京、武汉两地上千名学生开展实习，同时对外开放接待兄弟院校和旅游观光客人等。“北戴河实习站”已由原来单一的野外地质认识实习基地深化变成了集地质、地理、地球物理、水文、旅游、人文、生物等多学科（专业）学生实习和成人教学、旅游接待、办公等于一体的多功能综合基地，名称也由“北戴河实习站”改为“秦皇岛基地”。

在北戴河实习站，学生通过观察学习，掌握基本地质现象。实习内容包括自然地理概况，区域地质背景，风化作用和风化壳，河流地质作用过程和产物，三角洲和沉积物，岩溶作用及岩溶地貌，海洋波浪运动、海洋生物、基岩海岸侵蚀作用和侵蚀地形、砂质海岸沉积作用和沉积地形，地层及岩性、地层划分和描述，岩浆侵入作用、侵入岩和接触边界类型、火山作用、火山岩和火山机构，变质作用和变质岩，地壳运动及其表现形式，矿产资源和地质环境保护等。北戴河地质实习是中国地质大学（武汉）建校以来地质类专业教学的传统与特色。

1.1.2　黄石地质实习基地

黄石地质实习基地位于鄂东南黄石市，基地地理坐标为东经 114°45′—115°15′，北纬

30°00′—30°20′。北至浠水县马城镇，南至大冶湖，西抵大冶市铜绿山，东达黄石市东郊风波巷一带，面积约 120km²，行政区划属黄石市及其所辖的大冶市，黄冈地区的浠水县。

实习区属低山丘陵，地势南北较低，中间较高，长江自东北角流过。实习区中部为近东西向延伸的黄荆山，一般海拔高程 200～400m，最高 446.4m(板岩相对高差 100～300m)；南部为低洼的盆地区，海拔 30～50m，分布有大冶湖、海口湖、黄家湖等。

水文地质、工程地质、岩土工程和环境工程等专业在学完专业基础课和部分专业课之后，在北京周口店地区地质教学实习的基础上，将在黄石地质实习基地进行为期 4 周的以水文地质工程地质填图为主要内容的综合性教学实习。

1.1.3 武汉周边实习

通过教学实践发现，武汉及其周边的污水处理厂、垃圾填埋场、人工湿地、海绵城市建设、矿山环境修复、大气污染与空气质量监测等实习路线和场所，更适合当前新形势下环境专业本科生的"产学研用"的培养要求，更贴切环境学科的专业特点。

1.2 武汉城市圈自然环境概况

1.2.1 武汉城市圈区位及组成

武汉城市圈地处湖北省东部、长江中游、江汉平原中东部，位置为东经 112°30′—116°07′，北纬 29°05′—31°51′，它是以武汉市为中心，与其周边的黄冈、黄石、鄂州、孝感、咸宁、仙桃、潜江、天门 8 个城市共同组成的城市群。圈内国土总面积约 5.8 万 km²，约为湖北省总面积的 31.23%，是湖北省产业和生产最密集、最具活力的地区。城市圈内大部分地区海拔较低，地形起伏小，北部孝感市大悟县与河南省信阳市相邻，东部黄冈市毗邻安徽省的安庆市和六安市，南部咸宁市通城县与湖南省临湘市相连，东南部黄石市阳新县、咸宁市通山县与江西省九江市相连。

1.2.2 武汉城市圈自然条件分布

总体来看，武汉城市圈的自然条件空间差异性较显著，高程、坡度、年平均降水量、年平均积温(≥10℃)的空间分布情况如图 1-3 所示。武汉城市圈整体海拔主要在 50m 以下，最高地区海拔不超过 1600m，区域主要地貌类型为平原、丘陵和山地(中低山)。从空间分布上看，平原主要位于区域中部(沿长江)和西部，面积占比约为 50%；其余地区为丘陵和山地(中低山)，占比分别约为 30%、20%。秦岭与大别山的过渡地带桐柏山系位于区域北部，大别山余脉居于东北部，幕阜山脉余脉占据南部，使武汉城市圈形成了由北部、东北部、南部逐渐向西部、中部降低的地势特征。

武汉城市圈属亚热带季风气候，四季分明，水热资源丰富，水热同期，夏季气温较高、降水较多，而冬季气温较低、降水较少。年平均降水量均高于 1000mm，空间差异显著，总体呈现从东南至西北递减的分布特征；年平均积温(≥10℃)的空间分布特征总体与地势存在显著相关性，具体表现为平原地区积温较高而丘陵、山地地区积温低。

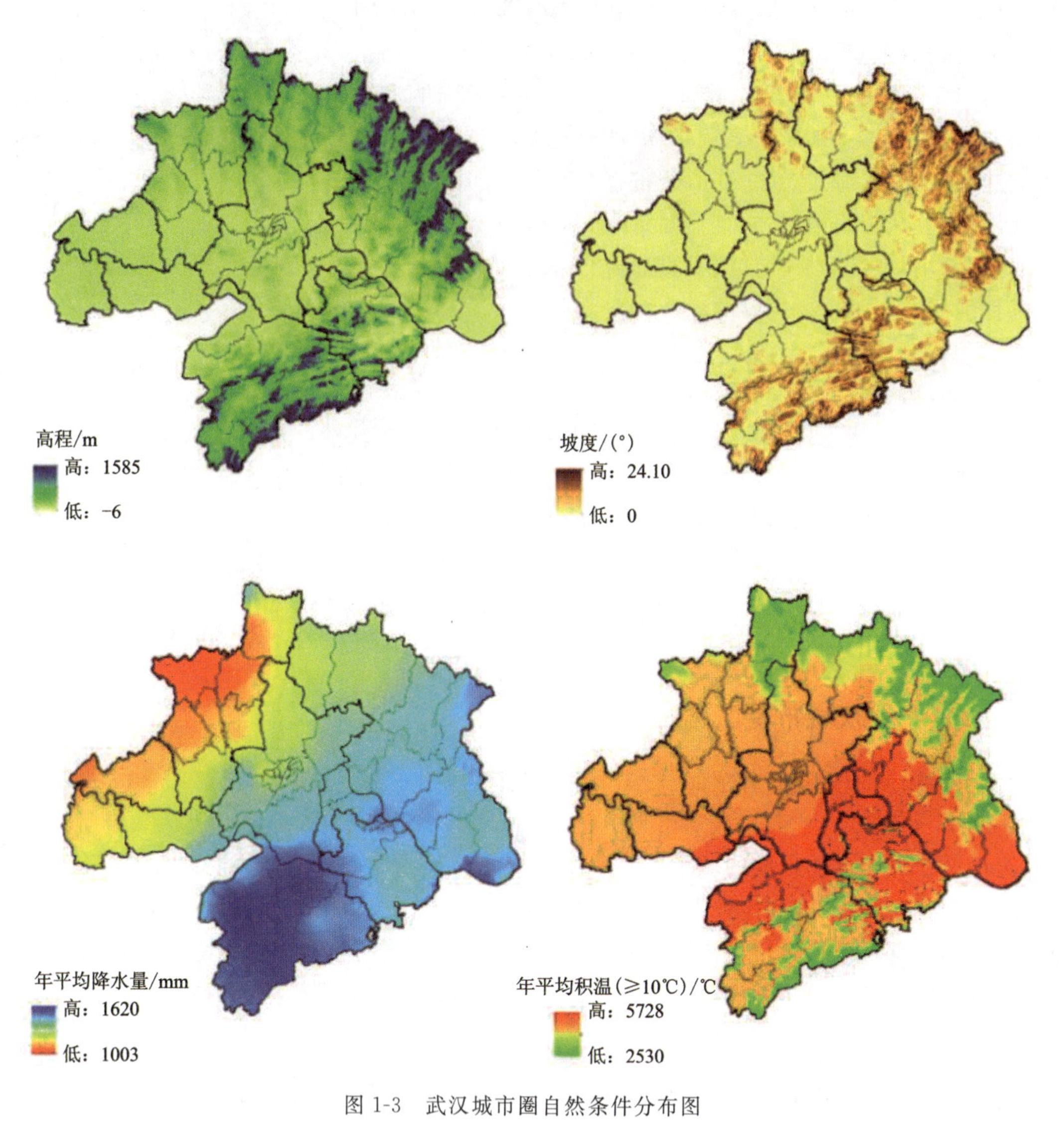

图 1-3　武汉城市圈自然条件分布图

1.2.3　河流、湖泊、植被、矿产等概况

武汉城市圈江河湖泊纵横，河港沟渠交织，水系发达。圈内河流主要为长江水系及其支流。长江是该区域河流的骨干，全程 549.81km；汉江为该地区第二大河流；除长江和汉江外，还包括东荆河、汉北河、府环河、通顺河、陆水、举水等，水量充盈，水流平缓，河流弯曲，汛期易泛滥。圈内湖泊属东部平原湖区，多与河流相通，故在水文性质上与河流密切相关，且许多湖泊本身为长江中下游流域的河成湖，因而圈内湖泊水位、面积等受河流洪枯水位变化影响，具有较显著的季节差异特征。圈内有 1000 余个大小湖泊，面积较大的有梁子湖、大冶湖、斧头湖、保安湖、汈汊湖等。此外，武汉市、鄂州市还素有“百湖之市”之称，湖泊地表水资源丰富。

武汉城市圈河湖冲积平原的面积较大，土壤深厚肥沃，土壤类型主要包含水稻土壤、潮土、黄棕壤、红壤、黄壤等。其中，水稻土壤是圈内面积最大且贡献最多的耕作土壤，主要分布在江汉平原。

圈内自然植被以常绿阔叶、落叶阔叶混交林为主，马尾松、栎树、杉木分布普遍，且具有明显的过渡性，其南部以常绿阔叶林为主，包含温带落叶阔叶树种，到中、北部为常绿阔叶林向落叶阔叶林过渡的混交地带。

圈内矿产资源丰富，种类繁多，已探明资源储量的矿产有60多种，优势矿产包括磷、石膏、矿盐、芒硝、铁、铜、金、银、石灰岩等，具有品位高、分布相对集中、易于开采等特点，综合利用价值较大。从具体分布来看，圈内东南部集中分布铁矿、铜矿、金矿、钨矿、钼矿等；中、北部主要集中分布重稀土、钛、萤石、重晶石、云母等矿产。

此外，武汉城市圈是荆楚文化的重要发祥地，自古以来深厚的文化底蕴就吸引了诸多文人墨客驻足。城市圈位于鄂东生态旅游圈，森林和湿地旅游资源丰富，拥有咸宁的九宫山、黄冈的龙感湖、黄石的青龙山化石群、孝感南河和大别山等5个各具地方环境特色的国家级自然保护区，以及武汉九峰、黄冈三角山和吴家山、咸宁潜山等11个国家森林公园。圈内注重环境保护与保护区建设，构建各市县间生态与经济协调发展的跨区域合作机制，初步形成了“一环两翼”的生态区域保护格局。

1.3 实习目的、要求、内容及成绩评定

专业认知实习是中国地质大学（武汉）（简称地大）地质特色环境专业教学的一个重要环节，各级领导十分重视，建有北京市周口店、河北省北戴河、湖北省黄石等实习基地。搞好城市圈内各类环境设施认知教学实习，并培养学生扎实的野外工作能力，是地大环境类专业教学的传统与特色。专业认知实习是学生理论联系实际、增长感性认识、培养综合动手能力和锻炼意志、增强体质的良好机会，是地大大学一年级学生在学习完环境与地质学专业基础课程后进行的必修教学环节（第二学期末暑期完成），它能为后续“地质教学实习”“专业教学实习”和“毕业生产实习”打下良好的专业基础。

1.3.1 实习目的

（1）在教师指导下，通过对武汉及其周边的污水处理厂、人工湿地、海绵城市建设、垃圾填埋场、大气自动站等实习路线和场所的直接观察、认识、描述和分析，加深学生对室内教学中基本环境工程知识和理论的理解。

（2）在矿山环境修复生态公园实习路线中，初步掌握一些野外地质工作的基本技能。熟悉罗盘、地图和野外记录簿的基本功能和作用，掌握野外定点、产状测量和描述记录等工作技能。观察野外典型地质现象，获得基本地质现象的感性认识。

（3）弘扬践行“艰苦朴素、求真务实”的校训精神，培养艰苦奋斗、实事求是、勇于探索的生活作风和科学精神，锻炼意志，增强体质，逐步适应野外地质工作环境。

（4）了解人与自然、环境和可持续发展的科学关系，增进人文和社会意识，增强地质环境意识和社会责任感，树立献身地球科学事业和建设强大祖国的人生观。

1.3.2 实习要求

(1)掌握城市圈中处理固、液、气“三废”的基础技术路线,了解认知实际生产中的相应设施。

(2)掌握野外工作基本技能:①利用地形、地物标志,在地形图上标定地质观察点;②使用罗盘确定方位、测量产状和坡度;③掌握野外地质记录的基本内容、格式和要求;④掌握绘制地质素描图的基本技巧;⑤掌握地质标本的采集方法和整理流程。

(3)培养正确的生态环境思维和时空观,树立正确的科学发展观和人生观。

1.3.3 实习内容

城市圈周边专业认知实习的时间安排约2周,具体安排见表1-1。

表1-1 实习安排一览表

实习内容或路线	时间	教学内容
1.实习动员	1天	区域背景资料和注意事项介绍
2.江夏污水处理厂	1天	进一步巩固污水处理专业知识,了解污水处理过程中存在的问题,以及理论和实际相冲突的难点问题
3.光谷三路人工湿地	1天	了解人工湿地技术在水处理中的具体应用、功能与作用、工作原理以及景观设计方法,观察并了解湿地公园中主要湿地植物种类及特点,认识湿地公园的环境保护和环境科普的社会作用
4.青山海绵城市建设	1天	参观武汉武钢海绵城市建设项目,熟悉武汉海绵城市建设实施概况,实地观察与认识海绵城市建设典型工程措施的结构功能及其适用范围,增加对城市雨洪管理和面源污染防治等方面的专业认知
5.垃圾填埋场	1天	掌握城市生活垃圾填埋的工艺流程、构筑物构造与工作原理,掌握生活垃圾填埋工艺的特点及填埋效果,学习垃圾填埋场的封场技术及不同覆盖系统设计的关键因素,熟悉城市生活垃圾填埋生产运行管理及工艺控制措施,熟悉城市生活垃圾填埋场的建设与发展简史
6.室内整理和讲课	1天	野外记录整理和总结,教师授课
7.江夏灵山矿山生态修复公园	1天	认识矿山开采造成的生态破坏形式,了解矿山生态修复的多种技术及其适用条件;结合灵山矿山生态修复实际,认识矿山生态修复的实际应用技术,以及修复的生态效果和社会、经济效益
8.黄石国家矿山公园	1天	了解大冶铁山矽卡岩型矿床特征及成因,掌握矿山开采主要环境地质问题,掌握矿山生态恢复与植物修复方法,学习大冶铁矿悠久历史与领悟习近平生态文明思想

续表 1-1

实习内容或路线	时间	教学内容
9. 大气污染与空气质量监测	1天	掌握地面气象要素和大气污染成分的观测、记录和采集过程；了解不同大气污染成分对大气的影响；掌握与大气污染与空气质量监测相关的基本技能和方法，具有初步解决生态、环境中实际问题的能力
10. 实习报告编写	3天	实习报告编写动员、编写提纲和内容总结。在综合总结归纳全部实习路线内容基础上，根据学生个人兴趣和资料搜集程度，选择1～2个专题进行实习报告编写(待定)
11. 实习成绩分析和总结	1天	根据学生在实习过程中的表现及最终的实习报告确定最终成绩，并对整个实习过程进行总结

1.3.4 成绩评定

采用综合测评确定学生实习成绩：室外工作技能(20分)、野外记录簿(10分)、实习表现(10分)、实习报告(60分)。总分60分以上者实习成绩通过。实习成绩不及格的同学，建议不能参加后续高年级专业教学实习，应该及时补修本次野外实习，但所需实习费用自理。

特别注意的情况是：成绩的评定不是一成不变的，有可能依据学校和学院里相关的要求进行适当调整，因此，成绩的评定，以每次实习时实习领队教师们的具体规定为准。

1.4 野外实习注意事项

1.4.1 充分做好实习前期准备工作

召开野外实习动员大会。实习前期，要充分做好思想动员和实习组织等准备工作；要组织学生召开野外实习动员大会，讲明实习目的和实习具体要求，宣布实习管理条例；要让学生明确野外实习目的意义和重要性，端正实习态度；通报实习期间的基本安排和必要的相关准备；强调组织纪律性，实习过程中要服从纪律、听从安排，展现良好的当代大学生精神面貌。同时要重点强调安全教育，包括生命安全和财产安全等，提高学生安全防范意识。为保证实习任务的顺利完成，加强组织领导和做好细致的思想政治工作是首位。在野外实习的生活、学习条件相对较差，困难较多，应教育引导学生吃苦耐劳、克服困难，将实习队建设成为一支战斗性强、纪律性严的组织。

1.4.2 实习安全管理

(1)实习中不可嬉戏打闹，要注意人身安全、交通安全、水上安全等。

(2)野外实习工作要特别注意路上来往车辆，严禁靠近陡崖或斜坡边。听从指挥、文明实习，行为举止展现当代大学生风貌。

(3)不私自外出,不单独行动,有外出需求需向带队教师和辅导员请假。

(4)充分了解当地的民风、民俗和自然条件,提前制订好相应对策。

(5)充分掌握自己的身体健康状况(如过敏等),不做超出自身承受能力的事情。

(6)尽量避开公路、水边、悬崖、坑旁、高空作业区。

(7)任何时候都不允许在陌生水域游泳,不允许生火野炊。

(8)要远离高压输电线路。

(9)防食物中毒,不喝陌生人给的饮料、不吃陌生人提供的食物。

1.4.3 实习纪律要求

(1)严格遵守学校、实习基地、实习队的规章制度和组织纪律,服从带队教师和辅导员指挥,服从统一领导。每天任务结束后进行点名。

(2)遵守实习制度,服从安排,不迟到、不早退,更不得无故缺席。

(3)严格遵守国家和地方政策法令,爱护公共财产。

(4)严禁在校外住宿和游玩。如有特殊情况应同时向带队教师和辅导员请假,未经允许,不得擅自外出。

(5)严禁打架斗殴和酗酒闹事。

(6)实习期间的学生管理由带队教师和辅导员共同负责。学生往返实习基地,必须由带队教师陪同,学生应紧跟队伍行动。

(7)学生在实习期间,要互相协作、互相配合、互相帮助,塑造团队精神。学生干部、寝室长、学生党员、入党积极分子要充分发挥模范带头作用,协助老师加强对实习学生的指导和管理。

1.4.4 实习物资准备

(1)物资准备:预先整理准备好实习期间所需物品,主要包括教学物品,如实习指导书、罗盘、放大镜、地质锤、野簿、铅笔、橡皮等;必要的常用药品和常用急救医疗装备(每班班长携带);个人生活物品和必要证件等。

(2)着装要求:长袖、长裤、厚底鞋(旅游鞋最为合适)、安全帽、安全服。不要打伞。

1.4.5 学生日常管理工作

为使野外实习顺利进行、实习工作便于组织管理,需将实习师生编为实习队。编建实习队是野外实习有组织进行的关键。实习队一般应设实习领队 1 人,专业指导教师数人,总务管理人员 1 人,辅导员 1 人。

实习领队由专业知识和野外工作经验比较丰富、组织领导能力和责任心较强的教师或系领导、教研室主任担任。领队是实习队代表,负责督促实习计划的实施,对指导教师和全体实习学生提出要求,并进行必要的检查,对学生的生活和安全问题负责,亲自或组织实习队成员记好实习日志,以便实习结束后做总结工作。

专业指导教师人数根据实习的具体内容和实习人数确定。专业指导教师要根据实习内容和实习区域集体备课，确定实习线路中各个实习点的讲授内容。专业指导教师带领学生具体实施实习教学计划，并兼有管理学生的责任，协助实习领队完成实习任务。

总务管理人员一般由系教学秘书担任，或由实习领队兼任，主要负责实习队的财务管理及总务工作，具体工作是根据实习计划及实习经费，合理安排实习队师生住宿、伙食、交通，提前和实习地区有关部门取得联系，解决实习队遇到的一些困难，做到既能节约开支，又能有力保障实习的顺利进行。

辅导员由相关学生年级辅导员担任，负责野外实习期间学生的思想政治工作，协助领队及指导教师解决实习中遇到的困难，管理学生，保证野外实习顺利开展。

实习学生要组成实习小组，明确干部职责。一般教学班班长担任野外实习小组组长，协助领队和指导教师组织好所有实习活动，并及时传达老师布置的任务和反馈学生的情况。实习前，通知学生携带有关的实习仪器、用品及常备药品；实习过程中负责整队、清点人数、组织乘车和安全工作；实习结束后，组织学生进行实习总结。实习小组既可按班级的学习小组划分，也可按男女生搭配分组。

第2章　城市圈的形成和对环境质量的要求

2.1　城市圈概述

城市是以非农业活动与非农业人口为主的人类聚集地。以经济、社会、人口的集聚和扩散为核心动力形成同城化和一体化的城市群体，推动城市向城市群演化。“城市圈”也称为“城市群”，其概念源于 Hdward(1898)提出的“田园城市”发展模式，即若干田园城市通过围绕中心城市形成城市群组来发展经济，开创了从群体城市视角研究城市的先河。随着工业化和城镇化的不断推进，城市圈发展由单一个体规模扩张的单核心模式逐渐演变成多核心、网络化模式。相关学者们基于不同视角对城市圈内涵进行了界定，提出“都市区”“都市圈”“城市圈”“城市群”“大都市带”等概念，丰富了城市圈研究内容，相关理论也从最开始的卫星城理论、中心地理论逐渐扩展为大都市带理论、空间相互作用理论、中心-外围理论、走廊理论、城乡一体化理论等，解释了城市圈区域分布规律与空间集聚现象。

我国作为发展中国家，对城市圈的关注晚于西方国家。郭振淮(1980)首次将“巨大都市带”概念、城市群思想引入中国，为国内城市圈研究奠定了基础。随后，国内学者开始结合中国区域实际及发展诉求研究城市圈问题，并不断与社会学、地理学、环境生态学等学科相结合，形成了具有本土特色的中国城市群理论，认为城市群形成发育的空间范围沿着城市—都市区—都市圈—城市群(大都市圈)—大都市带(都市绵延区)这样一条主线演进。

2.2　武汉城市圈经济发展概况

2003 年湖北省首次提出武汉城市圈概念，作出推动发展的指示。如今，武汉城市圈作为湖北省政治经济和交通枢纽的中心，也是长江中游经济带中不可小觑的重要一环。截至 2020 年，武汉城市圈完成 GDP 26 361.01 亿元，占湖北省生产总值的 63.2%。第一、二、三产业占比分别为 7.15%、38.05%、54.8%。第三产业在全省国民经济关键产业中的占比日益增加，产业发展结构逐渐调整、日趋优化。武汉城市圈常住人口有 3 198.74 万人，占湖北省常住人口的 55.39%。武汉城市圈约为湖北省负担了 50%的人口和贡献了 60%的经济产出，是湖北省人口-产业-经济最密集的区域，在湖北省经济增长与社会发展过程中具有举足轻重的地位。从产业发展来看，除了钢材与纺织等四大传统产业，武汉城市圈的现代信息技术、新能源、计算机等高新技术产业占比也在不断增加，产业发展态势良好。

武汉城市圈位于长江中游，地处湖北省东部，是中国中部最大的城市组团之一，圈内河流众多，水网密布，水系发达，水资源丰富。依托“得中独厚”的区位优势和“得水独优”的资源禀赋，武汉城市圈经济快速发展，成为湖北省经济发展核心区域及中部崛起重要战略支点。然而，劳动力、技术、资金等要素在圈内高度集聚，不可避免地给当地有限的自然资源带来了巨大的压力，对其经济社会的长期稳定发展和环境资源、自然生态安全埋下了巨大的隐患。

此外，随着我国城镇化与工业化的迅速推进，社会经济进入新的发展转型时期，引发了多元化、复杂化的环境效应，生物多样性减少、水资源短缺、水土流失、空气污染等生态环境问题也日益凸显，在一定程度上影响了人民的获得感和幸福感。然而，社会经济转型并非一日之功，需要一定时期的过渡转变。可以预见短时期内我国社会经济发展与资源环境保护之间的矛盾仍将存在。

2.3　发展城市圈对环境质量的要求

武汉城市圈是中部地区经济最为活跃的城市群之一。2007 年底，国务院正式批准武汉城市圈作为“资源节约型”和“环境友好型”两型社会改革试验区。武汉城市圈主要位于物产丰富的江汉平原之上，长江和汉江在此交汇，拥有丰富的水域、湿地、耕地资源，生态环境质量优良，承担着较重要的生态服务功能（如食物生产、生物多样性维持等）；区域内部地貌类型多样，总体为北部、东北部、南部高，而西部、中部较低，空间差异性显著；依托“中部崛起”战略，武汉市等地近年来社会经济取得了较快发展，同时，部分山区（如通山县等地）社会经济发展却较为缓慢，城市圈内部社会经济发展较不均衡；随着退耕还林/湖、两型社会、主体功能区等政策的逐渐实施，区域生态环境状况实现不同程度的改善。总体来看，由于武汉城市圈快速城镇化的推进，近年来社会经济取得了迅速发展，与此同时，也产生了一些生态环境问题，比如湖泊水质变差甚至消失不见、空气污染严重等，虽然政府和民众均对生态环境破坏现象扼腕叹息，却仍然难以找到社会经济发展与资源环境保护之间的平衡点。

因此，科学开展对武汉城市圈的环境认知实习，对培养学生形成现代化、完整的环境科学理念，为学生将来投身于统筹支撑区域经济社会与生态环境的协调发展夯实基础具有举足轻重的作用。

第3章 野外实习基本方法和技能

3.1 地形图的使用

3.1.1 地形图一般特征

地形图是将地形、地物依据设定的比例按一定的方法投影在平面上，反映地形起伏变化的图件。它是地表地形、地物空间位置的实际反映。地形图按比例尺可分为大比例尺地形图(大于1：5万)、中比例尺地形图(1：5万～1：25万)、小比例尺地形图(小于1：25万)3个类别。地形图既是重要的国家机密图件，必须按照国家的相关法规依法使用，并承担相应的保管责任，也是野外地质工作者的向导及野外收集原始资料和最终地质成果的重要载体。

地形图上地形的起伏变化通常用等高线来表示。等高线具有以下几个特点：①同线等高；②自行封闭；③在同一张地形图内，相邻两根等高线之间始终存在一个恒定的垂直高差值，即等高距。因此等高线不能相交，不能合并(除悬崖、峭壁外)。在地形图中不同地形的等高线所表示的疏密和弯曲样式不同。一些典型地形的等高线表示方法如图3-1所示。

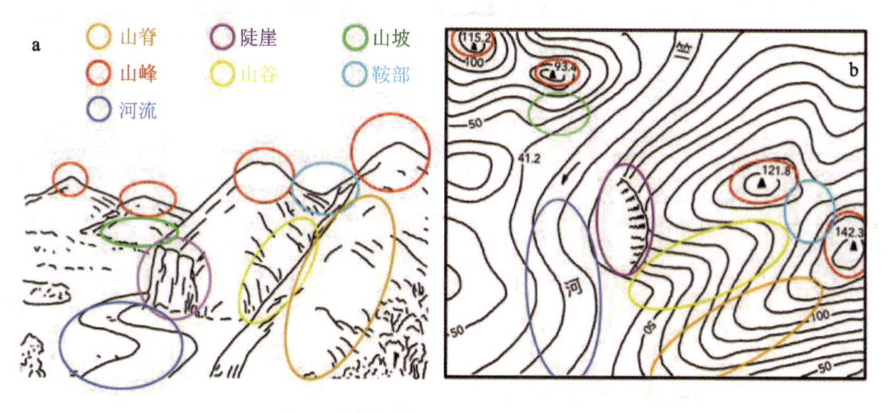

注：b图等高线及山顶高度单位为m。

图3-1 一些典型地形(a)与地形图(b)比较识别

山峰：等高线表现为一组近似于同心状的闭合曲线，且等高线的高程注记从里向外数据依次递减。

盆地(洼地)：等高线表现为一组近似于同心状的闭合曲线，且等高线的高程注记从里向外数据依次递增。

山脊、山谷和山坡:山脊等高线表现为一组向递减方向凸出的曲线,每一条等高线改变方向处的连线就是山脊线。山谷与河谷的等高线表现为一组向递增方向凸出的曲线,曲线改变方向处的连线就是山谷线。山谷和山脊之间的侧面就是山坡,等高线表现为一组近于平行的曲线。

鞍部:两山头之间的低洼处,形似马鞍,因此得名“鞍部”,其等高线特征是一组双曲线。

绝壁:从实际地形来看,它是近于直立的垂直面,由于不同高程的等高线经垂直投影后合而为一,故只能用规定的绝壁符号表示。

陡坡和缓坡:陡坡等高线较密,而缓坡则相反,等高线较稀。

3.1.2　读地形图

地形图是野外作业必备的基础资料,用好地形图首先要读懂地形图上的内容。读地形图的目的是了解、熟悉工作区的山川地貌和道路村庄的分布情况,以便制订出适合该地区野外地质工作的计划和路线,这样既能保证野外地质工作的安全,又有利于保证野外地质工作的质量,取得最大的工作效果。读地形图的一般原则是:先图框外,后图框内。其具体步骤如下。

读图名:图名位于图幅的正上方,通常是以图内最重要的地名来命名,如周口店地区1∶5万地形图就被命名为《周口店幅》。

了解比例尺:从比例尺可以了解图幅面积的大小、地形图的精度及等高距,比例尺一般用数字或线条表示。

地形图的图幅位置:地形图上坐标纵线表示地理南北方向,纬度线表示地理东西方向,从图幅上所标注的经纬度可以了解地形图的地理位置。在图幅的左上角标有接图表,表示与相邻图幅的位置关系。

读磁偏角:不同的地区有不同的磁偏角。在开始野外地质工作前,首先要校正罗盘的磁偏角,以便罗盘测出的方位与实际的地理方位一致。

读图例:图例一般标在图框的右侧,用不同的符号表示图内不同的地形、地物或特殊标志物。

了解绘图时间:绘图时间一般标注在图框外的右下角。伴随制图技术的发展,时间越晚,图件制作的精度越高。

3.1.3　地形图的应用

地形图在野外地质工作中主要起到以下几个方面的作用。

布置观察路线:布置野外地质观察路线既要考虑地质内容,也要考虑地形情况。地形的陡缓将直接影响地质露头的好坏与徒步穿越的可能性和安全性。陡壁、河谷、公路旁常常有较好的露头,是野外地质工作常到的地方。尽管如此,还是应当尽量从它们的旁边选择地质露头好、便于步行且省力的观察路线。

标注地质观察点:在进行野外地质工作时,除了对野外观察到的地质现象要进行详尽的文字描述外,还要记录观察点的位置并标注在地形图上,这种操作就叫定地质点。在野外定地质点是科学地质工作程序中最基础的工作,否则失去地质点支撑的地质记录将毫无价值。在野外地质工作中常用的定点方法有两种,即地形地物定点法和后方交会定点法。

地形地物定点法就是根据观察点与在地形图上标注的特殊地形、地物的相对位置关系确定观察点位置的方法。该方法简单、准确、便捷,是野外地质工作常用的定点法。

后方交会定点法常用于观察点附近没有明显的地形地物标志的时候,其方法是观察者首先瞭望可以搜索到的所有明显的标识物(如山头、三角点、建筑物等),然后在图上读出标识物在图中的位置,选择其中易于测量和作图的两个标识物 A、B 及其在地形图上的位置 A'、B',用罗盘测出标识物 A、B 的方位角 α 和 β,在地形图上分别以 A'、B' 点为原点、坐标纵线为一边用量角器量出 α 和 β 角并作直线相交,交点即为观察者所在的观察点(图 3-2)。

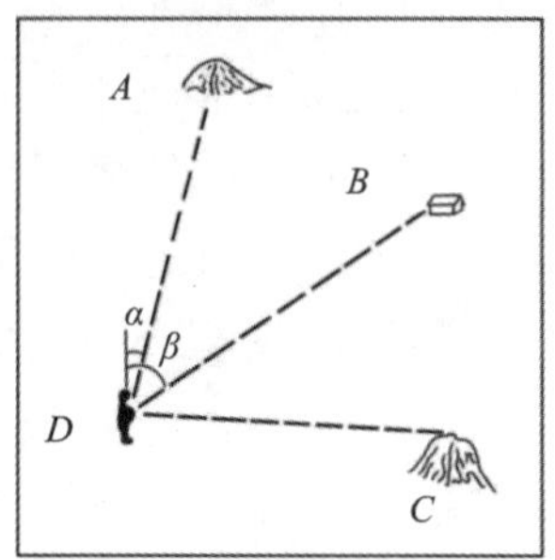

实际地形

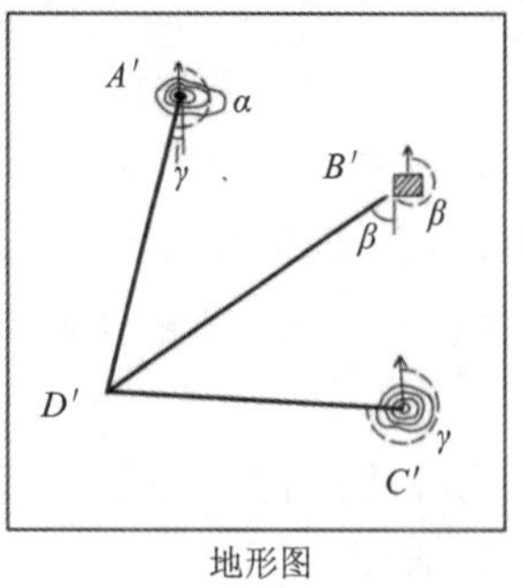

地形图

图 3-2　后方交会定点法示意图

利用地形图制作地形剖面:在野外路线地质工作中,为了形象地表达观察到的地质内容,常常要做一些信手地质剖面图。制作这类图件可以在地形图上读出预定的地质路线,按照设定的比例尺在野外记录簿方格纸页上作出图切地形剖面,作为野外观察和修正的基础图形。在野外作业中,再根据实际地形进行修正并把观察到的地质内容对应地绘制到地形剖面图上,这样就成功制作了一幅信手地质剖面图。

3.2　野外记录簿的使用

3.2.1　野外记录簿的构成和使用规范

野外记录簿(简称野簿)是野外地质工作中被规定用来承载原始资料的最重要的载体,地质工作人员有责任将观察到的各种地质现象客观、准确、清楚地记录在专用的野簿上。野外记录的质量直接关系到地质工作成果的质量,也直接反映了地质工作人员的科学态度和工作作风。野簿是由主管部门专门提供的只作为野外作业时使用的记录簿。它有 50 页和 100 页两种基本规格。野簿的内封皮是责任栏目,每一本野簿在开始使用前都应按要求明确无误地填写内封皮上的各个栏目。既明确使用人的责任,同时也为查找提供方便。野簿的第 1、2 页为目录页,目录页通常可随着野外工作的进展,边记录、边编写目录,也可以在该野簿使用完毕后一次编写。野簿的第 3～50 页或第 3～100 页为记录页。簿尾附有常用三角函数表、常用计算公式和倾角换算表。地大统一制订的野簿记录页划分为文字描述页和方格坐标纸页(图 3-3)。文字描述页有 4 个功能区,即页眉区、左批注栏、文字记录栏、右批注栏。

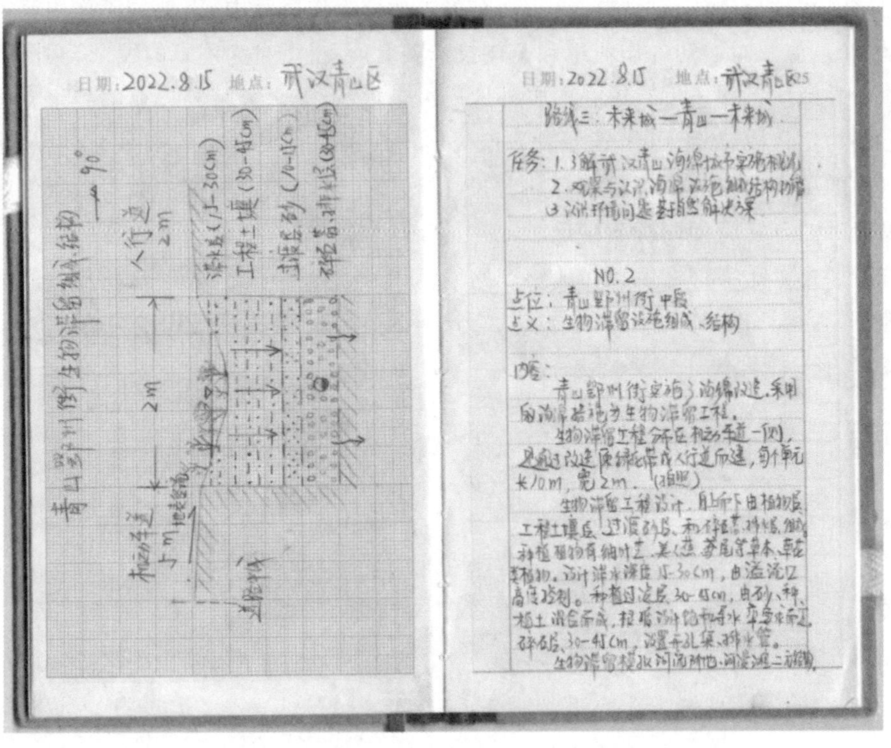

图 3-3　野外记录簿的方格坐标纸页(左)和文字描述页(右)

页眉区:位于文字描述页和方格坐标纸页上方,专用于记录工作当日日期、地点和天气情况。

左批注栏:位于文字描述页左侧的竖直通栏,常用于编录当日目录或注释。

文字记录栏:位于文字描述页中部,为描述的正文。

右批注栏:位于文字描述页右侧,专用于补充、修订或更正描述正文。

方格坐标纸页用于野外绘制各种图件,用以配合、补充文字描述,可以更客观全面地反映观察到的地质现象。

野簿要求用 2H 铅笔书写。在野外记录过程中,必须先仔细观察,再做记录;做到边观察,边测量,边记录。少记或者回到室内后凭印象补记,或者不用铅笔记录都是不符合要求的。在项目工作结束后,野簿应及时上缴档案部门保管,不得涂改、缺页,更不能遗失。

3.2.2　野外编录

地质工作项目涉及的范围大,工作时间长,一个地质研究项目往往需经一年至数年,且有多个作业组合作完成。因此在一个野外地质项目开始之初,首先应当制订完善的野外地质编录规划和野外地质编码分配方案,以保证全部野外地质记录的完整、清晰、有序,避免因事后发现野外原始记录编录混乱而出现不应有的损失。

在野外地质工作中，需要进行统一编录的类别很多，比较常用的类别有野外作业种类编录(如路线、地质点、剖面……)，采集标本类(如化石、岩石、矿物……)，分析样品类(如岩石薄片样、光片样、化学分析样、重砂样……)。在野外地质工作过程中，因新的工作内容需要起用新的编录号时，应及时通知各作业组和全体技术人员，不得擅自起用新的编录类别及序号。

目前野外地质工作还没有统一的野外地质编录规范，但部分野外作业的编录方式在地质行业中已经约定俗成，如编码代号一般为编码名称汉语拼音的首字的第一个字母的大写，或该编码名称的英文单词的第一个字符的大写，以阿拉伯数字或罗马字的大写数字为序号。如两个编码代号的首字为相同拼音字母时，则应将编码名称的首字的汉语拼音的第二个字母的小写字符附加在大写字符之后。如地质点的编码代号可为“D”或“No”，地质剖面的编码代号规定可为“P”，化学分析样的编码代号可为“Ha”，重砂分析样的编码代号可为“Zh”。现将常用编码代号简介如下：

编码类别	编码代号	注释
路线	L2	第二条观察路线
地质点	D015	第十五个地质点
	No015	同上
地质剖面	PⅡ	第二号地质剖面
化石	H-PⅡ-1-3	第二号地质剖面第一层第三块化石标本
	F-PⅡ-1-3	同上
矿物	K-PⅡ-1-3	第二号地质剖面第一层第三块矿物标本
岩石	Y-PⅡ-1	第二号地质剖面第一层岩石标本
	R-PⅡ-1	同上
岩石薄片	B-PⅡ-1	第二号地质剖面第一层岩石薄片鉴定样
化学分析样	Ha-PⅡ-1	第二号地质剖面第一层化学分析样
重砂分析样	Zh-PⅡ-1	第二号地质剖面第一层重砂分析样
……		

综上所述，制订统一的野外编码及序号，并把它分配到个人或作业组是野外地质工作前期准备工作的重要环节之一。在野外作业期间对野外编码的使用还需要严格管理，有序使用。轻视或忽略地质编码规则的野外地质作业都可能导致地质记录的混乱，致使大量原始记录被迫废弃，结果造成野外地质工作人力、物力、财力和时间的损失。

3.2.3　文字记录格式

野簿上的文字记录是野外地质工作记录的原始资料，它不仅是本期地质工作使用者本人要经常查阅的基础资料，同时也是地质工作一切结论的最原始的证据。因此野外地质记录在野外工作结束乃至在野簿归档以后还会继续提供给他人审阅或查对；野簿的记录一定要遵循一定的格式，使之规范化。现将常用的野外记录格式简要介绍如下。

(1)文字记录的开启部分。①每天的野外作业开始前应在当日记录的首页页眉区填写当日的日期、作业地点及天气情况;②在文字描述区第一行依次写明路线号、路线编码号、路线或剖面名称;③另起一行写明路线或剖面经过的主要地点,注意在这里所列举的地点一般应当是在地形图上已经被标出地名的地点;④另起一行写明参与当日工作的技术人员,明确责任;⑤另起一行记录当日野外作业的任务。

(2)定点描述内容。观察点是野外进行详细观察的地点,通常选择在重要地质界线的出露点,如地层、构造、地貌等界线的出露点。利用地形地物定点法或后方交会定点法在地形图上确定地质点的位置,并用直径 2mm 的小圆圈清晰地标注在地形图上,同时将地质点序号标注在小圆圈旁边。完成以上工作程序后即可进行以下文字描述操作:①地质点编号,另起一行在行内居中画一个长方形框,在框内记录地质点号;②点位,另起一行简述确定该地质点的依据;③点义,另起一行简述定点观察的地质意义;④观察内容,另起一行首先将沿途所观察到的各种地质现象及其变化客观、准确、清楚地记录在野簿上,然后记录本点所见各种地质现象。

(3)各类数据记录格式。野簿记录规定:各类实测的产状数据和野外发现的生物化石名称都必须另起一行单独记录。采集的各类标本的编号可单独记录一行,也可标注在右侧的批注栏内。

(4)补充与修正。在离开记录的地质点后,野外地质记录正文是不能涂改的。如若在后来的室内研究中有新的资料需要对野外记录给予补充或修正时,补充或修正的内容可批注在左侧或右侧的批注栏中。

3.3　CAD 软件的使用

计算机辅助设计(computer aided design,CAD)是工程技术人员运用计算机的软硬件系统为工具,将设计人员的思维和计算机的最佳特性结合起来,进行产品和工程设计的绘图、计算、分析、编写技术文件的技术活动的总称。它能帮助工程师进行产品或工程设计的绘图、计算、查表、线图处理、信息检索、说明书编写等。

AutoCAD 软件是环境工程二维图形设计的常用软件,它是美国 Autodesk 公司于 1982 年首先推出的通用计算机辅助绘图和设计的软件包。

环境工程涉及该领域的技术研究与开发、工程设计、相关的设备设计与制造、施工安装、操作管理等内容,所涉及的学科越来越复杂,其工程设计的质量和速度及要求不断提高,沿用传统的设计方法已经不能满足当前环境工程发展的需求了,由此计算机辅助设计在环境工程中的应用也就应运而生。

计算机辅助设计涉及很多方面,如概念设计、优化设计、有限元分析、计算机仿真、计算机辅助绘图、计算机辅助设计过程管理等。计算机辅助设计可划分为创造性设计和非创造性设计。其中,创造性设计包括工作原理的拟定、方案的构思等,在设计过程中,人是工作的主体,要充分发挥人的创造性思维能力,使设计方案具有创新性,不同于之前的方案;非创造性设计,比如绘图、设计计算等,都可以通过计算机来完成。现代生活中 CAD 技术被广泛应用于机械、航天、纺织、电子、工程等产品的各种设计中。

随着社会经济的发展以及科学技术的进步，工程的概念较之传统意义已经发生了许多变化。环境工程设计的主要研究内容除了大气污染防治工程、水污染防治工程、固体废物的处理和利用及噪声控制工程以外，还可以按照化工设计的单元设计模式进行划分，即环境工程设计可分为厂址选择与总平面布置、污染强度计算、工艺流程设计、车间布置设计、管道布置设计、环保设备的设计与选型、环境工程项目概预算、环境工程设计中的清洁生产设计等单元设计模式，同时它也涉及该领域的技术研究与开发、工程设计、相关的设备设计与制造、施工安装、操作管理等内容。CAD技术在环境工程设计中的应用相对机械、电子、建筑等行业来讲，起步较晚，还有许多应用问题需要解决。因此要想做好环境工程CAD技术方面的工作，对环境工程设计人员提出了较高的要求，不仅要具备环境工程设计方面的知识和环境工程设计所必需的法律、法规知识，还必须熟练地掌握工程CAD应用技术。

CAD在环境工程中有以下一些应用。

(1)设计和建模：环境工程CAD软件可以用于创建和修改环境工程系统的三维模型，包括管道、设备和建筑物。这些模型可以用于设计和模拟各种环境工程系统，以评估其性能和优化设计。

(2)绘图和文档：环境工程CAD软件可以用于创建各种环境工程文档，包括图纸、技术说明书和报告。这些文档可以用于沟通设计思想、展示设计成果和记录设计过程。

(3)虚拟现实：环境工程CAD软件可以用于创建虚拟现实模型，用于展示和演示环境工程系统的运行状态和性能。这种技术可以用于规划和培训环境工程工作人员，以确保系统的安全性和可靠性。

(4)数据分析：环境工程CAD软件可以用于处理和分析环境工程数据，包括水质、温度、气压和流量等数据。这些数据可以用于预测环境工程系统的性能和优化设计。

在污水处理厂的设计中，经常用到的二维图形通常包括以下类型：工艺流程图、高程图、表格图、总平面图、设备布置图、管道布置图、机械零件图、机械装配图等。

工艺流程图通常包括许多流程线、箭头、设备外形图及其标注。高程图的特点是包括流程线、许多阀门符号、高度符号标注等内容。对于各种图形符号，包括阀门符号，通常被制作图形符号库，从库中直接调用即可，如果没有库，就只好采用交互绘制方法了。总平面图基本属于建筑图领域，一般包括道路、建筑物外形、河流、环境工程的管道、风向标、构筑物表格等内容。设备布置图中一般包括设备外形、建筑物墙体、各种标注、高度符号、轴线序号、尺寸、表格、楼梯、门窗外形等内容。管道布置图通常包括管道、各种阀门、水龙头、下水地漏标注、高度符号、轴线符号等，管道的绘制通常采用带有轴测角度的、一定宽度的多义线绘制。以上二维图的绘制都可采用AutoCAD软件进行绘制。因此，CAD在环境工程领域的运用十分广泛，尤其是污水处理厂这类行业的设计、制图中均要使用CAD，所以学习掌握CAD软件的使用是非常有必要的。

3.4　手机定位软件

在野外实习的过程中，会用到定位和导航软件来确定自己所在的位置、记录实习所走过的路线和点位。常见的定位软件有“高德地图”“百度地图”等手机 App 软件；在一些偏远地区需要使用一些专业的手机软件，如“两步路”“奥维地图”等，这些软件具有较丰富的野外定位导航功能，能够精确地记录所走过的每一条路线点位及其坐标海拔高度，还具备指南针、高精度卫星地图等功能，在野外路线实习的过程中有很好的实用性。

3.5　拍　照

如今智能手机已经相当普及，智能手机都具有强大的拍照功能，在地质实习路线中，更多的还是以手绘图、素描图为主，拍照为辅。在野外路线实习中，拍照（使用相机、手机、无人机等工具）记录实习内容也是重要的一环，有助于加深实习内容印象，记录重要的、关键的实习内容。

第4章　野外实习教学路线

4.1　江夏污水处理厂

4.1.1　基本任务

通过认知实习，进一步巩固相关专业知识，理解污水处理工作的实质，了解污水处理过程中存在的工程性问题以及理论和实际相冲突的难点。

在理解污水厂基本工作流程的基础上，可以结合所学的知识对处理工艺进行分析和评价，并与目前流行的先进工艺进行对比，找出其优缺点；与此同时，可以了解现场工作人员的具体工作内容，熟悉环境专业的就业方向和就业内容。

4.1.2　出野外前的知识储备

1.污水处理厂的基本概念

污水处理厂是城市排水系统的重要组成部分。通过由物理、生物以及物理化学等方法组合而成的处理工艺，分离去除由排水管道系统收集的城市污水中的污染物质，转化有害物为无害物，实现污水的净化，使污水达到进入相应水环境的排放标准或再生利用水质标准。

城市污水处理厂一般由污水处理构筑物、污泥处理设施、动力与控制设备、变配电所及附属构筑物组成，有再生回用要求的还包括深度处理设施。

2.污水处理厂的类型(规模的划分、水质类型等)

根据我国的实际情况，污水处理厂按照规模划分，大体上可分为大型、中型和小型污水处理厂：规模大于 $10\times10^4 m^3/d$ 的是大型污水厂，一般建在大城市，基建投资以亿元计，年运营费用以千万元计；中型污水处理厂的规模为 $(1\sim10)\times10^4 m^3/d$，一般建于中、小城市和大城市的郊县，基建投资几千万元至上亿元，年运营费用几百万元到上千万元；规模小于 $1\times10^4 m^3/d$ 的是小型污水处理厂，一般建于小城镇，基建投资几百万元到上千万元，年运营费用几十万元到上百万元。

污水处理厂依据水质类型一般可以分为城市集中式污水处理厂和各污染源分散式污水处理厂。污水经处理后排入水体或城市管道。有时为了废水资源回收循环利用，需建设污水回用或循环利用污水处理厂。

3. 三级处理基本概念(预处理、主体工艺、深度处理)

污水处理厂的处理工艺流程是由各种常用的或特殊的水处理方法或技术优化组合而成的,包括各种物理法、化学法和生物法,要求技术先进,经济合理,费用最省。设计时必须贯彻当前国家的各项建设方针和政策。

污水按照处理目标和要求,其处理程度一般可分为一级处理、二级处理和三级处理(深度处理)。

一级处理:主要去除污水中呈悬浮状态的固体污染物,主要技术为物理法。城镇污水处理厂中,一级处理对 BOD_5 去除率一般为 25%~30%,故一级处理作为二级处理的前处理。

二级处理:污水经过一级处理后,再用生物方法进一步去除污水中的胶体和溶解性污染物的过程,其中 BOD_5 去除率在 90%以上,主要采用生物法。

三级处理:也可称深度处理,一般以更高的处理与排放要求,或以污水的回用为目的,在一级处理、二级处理后增加的处理过程,以进一步去除污染物,其技术方法更多地采用物理法、化学法及物理化学法,与前面的处理技术形成组合处理工艺。一般三级处理指二级处理后以达到排放标准为目标的增加工艺过程,而深度处理更多地指以污水的再生回用为目标。

4. 活性污泥法

1)活性污泥

向生活污水中不断地注入空气,维持水中有足够的溶解氧,经过一段时间后,污水中即生成一种黄褐色的絮凝体。该絮凝体是由大量微生物构成的,在曝气时呈悬浮状态,停止曝气时易于沉淀分离,使污水得到净化、澄清。这种含有多种微生物的絮状体就是"活性污泥"。

活性污泥由 4 个部分组成:有活性的微生物群落(Ma),微生物自身氧化残留物(Me),吸附在活性污泥上没有被微生物所降解的有机物(Mi),无机悬浮固体(Mii)。

有活性的微生物群落主要由细菌、原生动物、真菌、后生动物等组成。细菌是氧化分解有机物的主体,1mL 曝气池混合液中细菌总数约 1×10^8 个。原生动物以细菌为食饵,促进细菌的凝聚,去除游离细菌。真菌主要是丝状的霉菌,在正常的活性污泥中真菌不占优势,原生动物和细菌一起在污水净化中起主要作用。

2)活性污泥法的基本流程

活性污泥法就是以悬浮在水中的活性污泥为主体的污水生物处理工艺,在有利于微生物生长的环境条件下和污水充分接触,使污水净化的一种水处理方法。

传统的活性污泥法由初次沉淀池(初沉池)、曝气池、二次沉淀池(二沉池)、供氧装置以及回流污泥设备等组成,基本流程如图 4-1 所示。

废水首先进入初沉池,在此去除水中大部分悬浮物及少量有机物。经过初沉池后,废水与二沉池底部回流的污泥混合后进入曝气池,在曝气池充分曝气。从曝气池流出的混合液进入二沉池,并在二沉池内实现活性污泥与水分离,活性污泥初步浓缩,上清液即处理出水不断

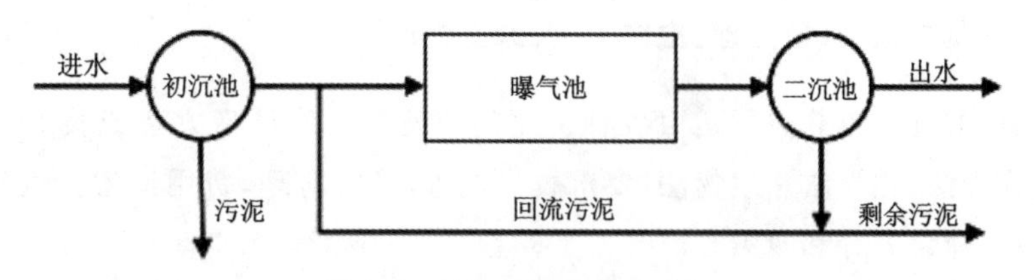

图 4-1　活性污泥法基本流程

排出。活性污泥法的核心构筑物是曝气池，在曝气池内，废水中的有机物被活性污泥吸附、吸收和氧化分解，同时活性污泥得以增殖，使废水得到净化。

3)活性污泥降解废水中有机物的过程

活性污泥法在曝气过程中，对有机物的去除可分为两个阶段，即吸附阶段和稳定阶段。

第一阶段为吸附阶段，主要是废水中的有机物转移到活性污泥上去，这是活性污泥具有巨大的比表面积（2000～10 000m^2/m^3混合液），而且表面上含有多糖类黏性物质所致。在稳定阶段主要是转移到活性污泥上的有机物为微生物所利用。当废水中的有机物处于悬浮状态和胶态时，吸附阶段很短，一般在 10～30min，稳定阶段较长。

第二阶段为稳定阶段。吸附阶段基本结束后，微生物要对大量被吸附的有机物进行氧化分解，并利用有机物合成细胞自身物质，进行细胞的更新、增殖，同时也继续吸附废水中残余的有机物。此阶段持续时间较长，需数小时之久。

实验发现，取一定量含有机物的废水与处于内源呼吸状态的活性污泥混合后进行曝气，每隔一定时间取样，用离心机分离污水，测定废水中有机物的残余浓度 BOD_5，可得到如图 4-2 所示的关系曲线。从图中可以看出，在泥水混合曝气 30min 内，废水中 BOD_5的去除率可达 70%，在其后有一个 BOD_5的回升阶段，随着曝气时间的延长，BOD_5再逐渐降低。

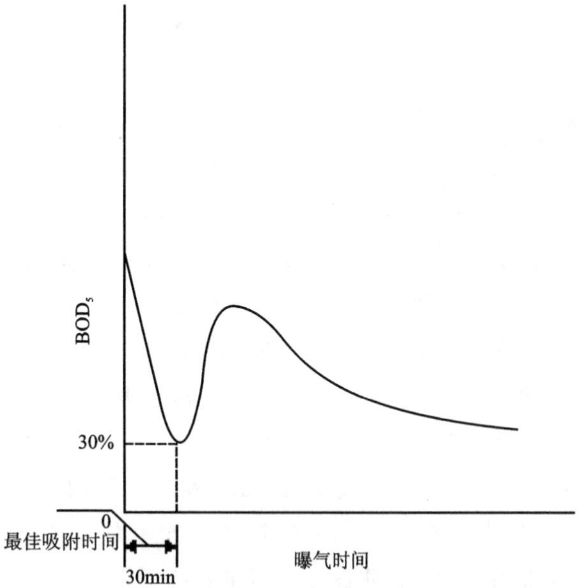

图 4-2　曝气时间与 BOD_5 的关系

这一实验现象可以用吸附稳定理论来解释。在吸附阶段处于内源呼吸状态的活性污泥，由于微生物对食料的需求和活性污泥巨大的比表面积，对废水中的有机物快速吸附，使废水的 BOD_5在短时间迅速下降。其后，吸附在活性污泥上的一些悬浮和胶体有机物在细菌胞外酶的作用下，变成可溶性有机物而扩散到水中，致使废水中的 BOD_5回升。溶解性的有机废水则没有此扩散现象。

4)曝气设备

如前所述，活性污泥系统的正常运行，除需要有良好的活性污泥外，还必须提供足够的氧气，通常氧气供给是通过空气中的氧被强制性地溶解到曝气池的混合液而实现的。曝气除供氧外，还对曝气池区有足够的搅拌混合作用，促进水的循环流动，使活性污泥在曝气池中保持悬浮状并与废水充分接触混合。

(1)曝气方法。曝气方法可分为鼓风曝气和机械曝气。

鼓风曝气：鼓风曝气就是用鼓风机（或空压机）向曝气池充入一定压力的空气（或氧气）。鼓风曝气系统包括鼓风机（空压机）、风管和曝气装置。曝气装置即空气扩散设备，按气泡直径大小可分为微（100μm 左右）、小（1.5mm 左右）、中（2.5mm 左右）、大（15mm 左右）4 种，按曝气装置布置的水深又可分为浅层、中层和深层曝气 3 种。

机械曝气：机械曝气大多依靠装在曝气池水面的叶轮快速转动，进行表面充氧。其供氧是通过下述 3 种途径来实现的：①叶轮的提升和输水作用，使曝气池内液体不断流动，更新气液接触面，不断从大气中吸氧；②叶轮旋转时，在周边形成水跃，使液面剧烈搅动，从大气中将氧卷入水中；③叶轮旋转时，叶轮中心及叶片背水侧出现背压，通过小孔可以吸入空气。

(2)曝气池的结构按混合液在曝气池中的流态可分为推流式、完全混合式和循环混合式；按曝气池与二次沉淀池的关系可分为分建式和合建式两种。

推流式曝气池：推流式曝气池为长方廊道形池子，常采用鼓风机曝气，扩散装置排放在池子的一侧，如图 4-3 所示。这样布置可使水流在池中呈螺旋状前进，增加气泡和水接触时间。为了帮助水流旋转，池侧面两墙的墙顶和墙脚一般都外凸呈斜面。为了节约空气管道，相邻廊道的扩散装置常沿公共隔墙布置。

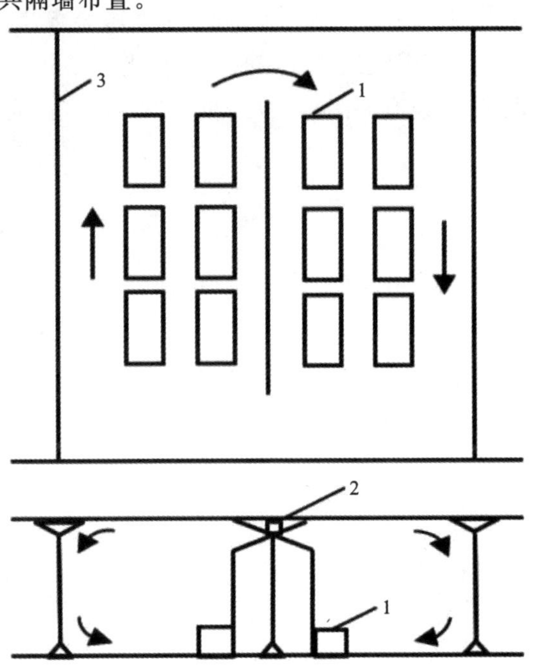

1. 曝气装置；2. 曝气总管；3. 曝气池壁。

图 4-3　推流式曝气池示意图

完全混合式曝气池:这是采用较多的一种表面叶轮曝气的完全混合式曝气沉淀池(图 4-4),由导流区、曝气区、沉淀区和回流区 4 部分组成。池子呈圆形或方形,入口在中心,出口在池周。在曝气筒内污水和回流污泥同混合液得到充分而迅速的混合,然后经导流区流入沉淀区,澄清水经出流堰排出,沉淀下来的污泥则沿曝气筒底部四周的回流缝回流入曝气池。

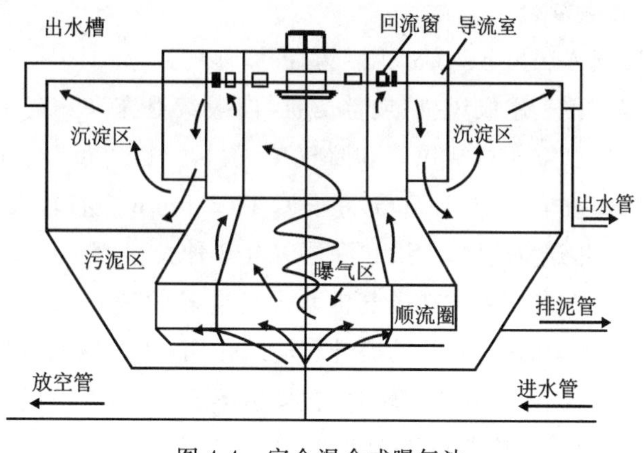

图 4-4　完全混合式曝气池

导流区的作用是使污泥凝聚并使气水分离,为沉淀创造条件。在导流区中常设径向障板(整流板),以阻止在惯性作用下从窗孔流入导流区和沉淀区的液流绕池子轴线旋转,有利于气水和泥水的分离。

由于曝气区和沉淀区两部分合建在一起,这类池子称“合建式完全混合曝气池”或“曝气沉淀池”。它布置紧凑,流程短,有利于新鲜污泥及时回流,并省去一套污泥回流设备,因此在小型污水处理厂得到广泛应用。图 4-5 是一种合建式完全混合曝气沉淀池的示意图。

除合建式外,还有分建式,即曝气池和沉淀池分开修建。完全混合式曝气沉淀池,除上述叶轮供氧的圆形或方形池子外,还有如图 4-6 所示的长方形曝气沉淀池,如图 4-7 所示的分建式完全混合系统。

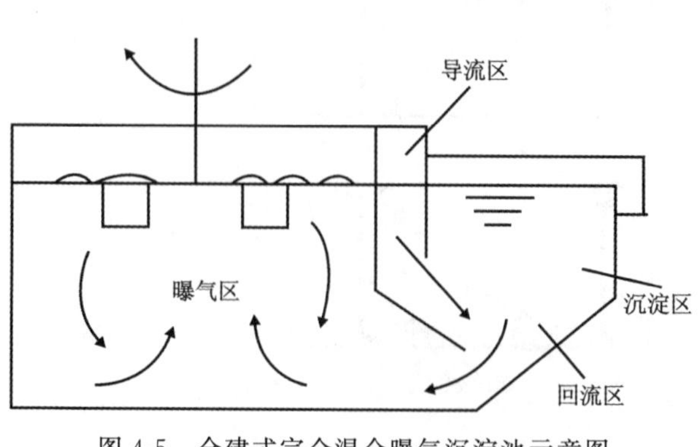

图 4-5　合建式完全混合曝气沉淀池示意图

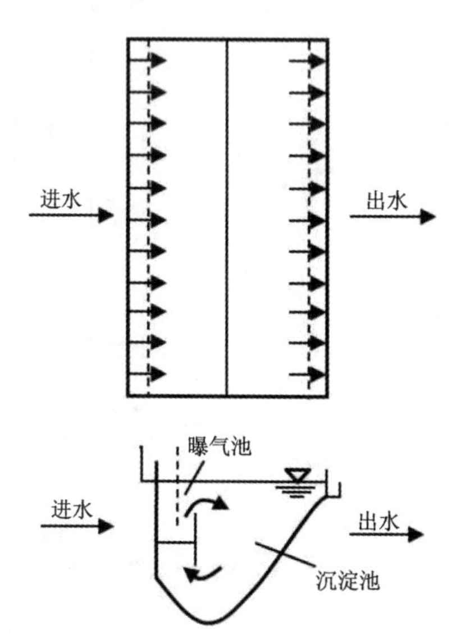

图 4-6　长方形曝气沉淀池示意图

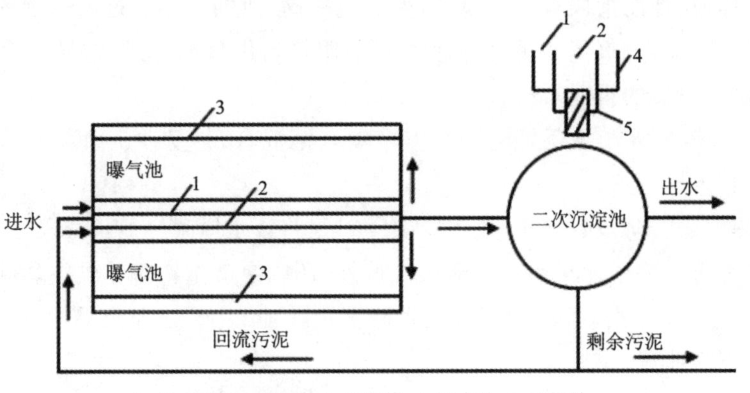

1. 进水槽；2. 进泥槽；3. 出流槽；4. 进水孔；5. 进泥孔。

图 4-7　分建式完全混合系统示意图

为了达到完全混合的目的，污水和回流污泥沿曝气池池长均匀引入，并均匀地排出混合液。

循环混合式曝气池：循环混合式曝气池多采用转刷供氧，其平面形状如环形跑道。循环混合式曝气池也称为氧化渠，是一种简易的活性污泥系统，属于延时曝气法。循环混合式曝气池基本形状如图 4-8 所示。

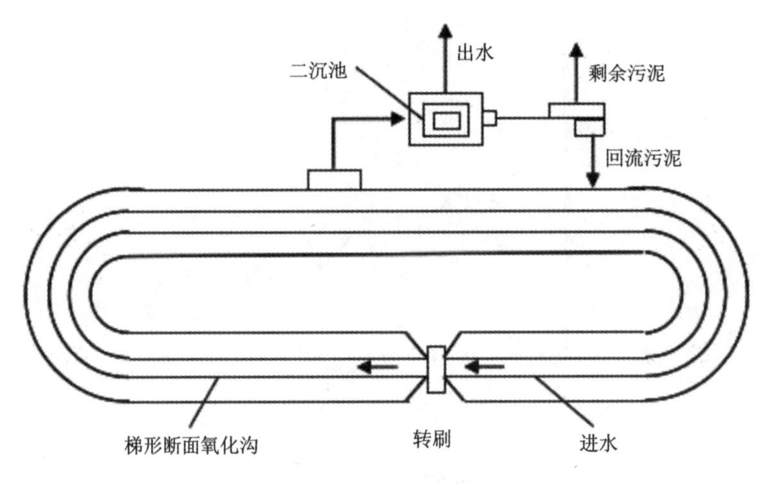

图 4-8　氧化渠的典型布置示意图

5)活性污泥工艺技术的发展

(1)传统活性污泥法。传统活性污泥法又称为普通活性污泥法，曝气池内污水与污泥混合后呈推流式从首向尾流动，微生物在此过程中连续完成吸附和代谢过程。曝气池混合液在二沉池去除活性污泥吸附的悬浮固体后，澄清液作为净化水流出。沉淀池内的活性污泥一部分以回流的形式返回曝气池，继续参与污水净化作用；另一部分作为剩余污泥排出。传统活性污泥法的负荷是 0.2～0.4kgBOD/(kgMLSS · d)，一般活性污泥的负荷在 0.3kgBOD/(kgMLSS · d)左右净化效果和沉降性能均最好。

传统活性污泥法在运行过程中存在以下两个主要的问题。

供氧不合理：在池的前段有机负荷高，耗氧速率高，池的后段经过微生物的降解有机底物得到很大程度的降低，耗氧速率下降。而池内采用均匀供氧的方式，这样就会造成前段溶解氧不足、后段供氧浪费的情况。

不耐冲击负荷：污水流入不能立即与整个曝气池混合，易受冲击负荷的影响，适应水质、水量变化的能力差。

(2)阶段曝气法。阶段曝气法(流程见图 4-9)是将废水沿曝气池长分段注入，即形成阶段进水方法。这种方法除了能平衡曝气池供气量外，还能使微生物营养供应均匀。阶段曝气法(需氧量曲线见图 4-10)供氧和需氧平衡，耐冲击负荷能力强，处理效果好，BOD 降解曲线是呈现锯齿缓慢下降曲线。

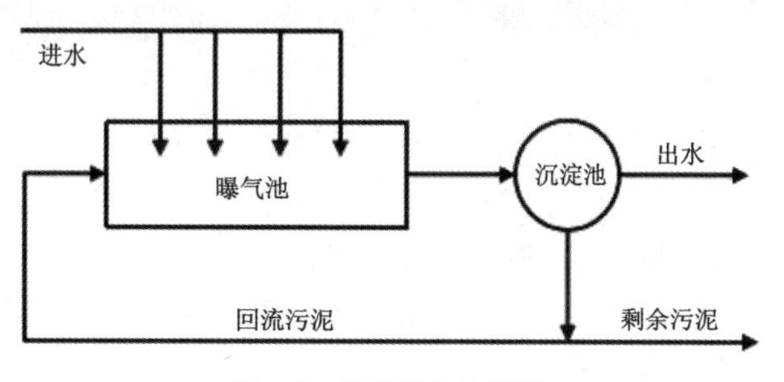

图 4-9　阶段曝气流程图

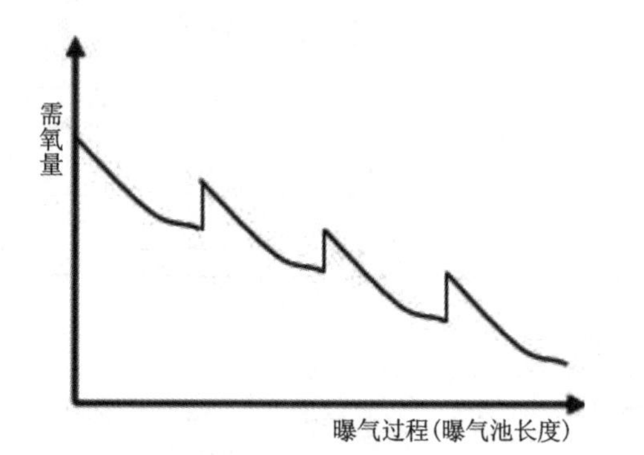

图 4-10　阶段曝气法曝气池内需氧量变化曲线

(3)加速曝气法和延时曝气法。加速曝气法的特征是曝气时间短(一般为 2～4h)，微生物在池内处于对数生长期，此时微生物活性强，降解能力强，可极大地提高曝气池的处理能力。特点是负荷高，曝气池容积较小，占地面积小；有机物处理效率较差，一般为 60%～80%；活性污泥处于对数生长期，活性污泥活性强但絮凝性较差，剩余污泥产量高，二沉池压力大，出水有机物含量高；更适合做高浓度有机废水的预处理。

延迟曝气法的特征是活性污泥曝气时间长(一般为 1～3d)，污泥停留时间为 20～30d，微生物处于内源呼吸阶段。由于活性污泥在池内长期处于内源呼吸期，活性污泥活性较差，有机物降解能力差，但剩余污泥量少且稳定，省去了污泥处理设施，节约成本。延迟曝气法具有以下特点：负荷低，曝气池池容大，占地面积大；对水质水量变动适应性强；剩余污泥产量少；出水效果好。

(4)吸附-再生法。吸附-再生法又称接触稳定法，是把活性污泥对基质的吸附凝聚和氧化分解分别在两个曝气池中进行，流程如图 4-11 所示。

由于再生池仅对回流污泥进行曝气(剩余污泥不必再生)，故可节约空气量，且缩小池容。经过再生的活性污泥处于营养不足状态，有利于防止污泥膨胀。

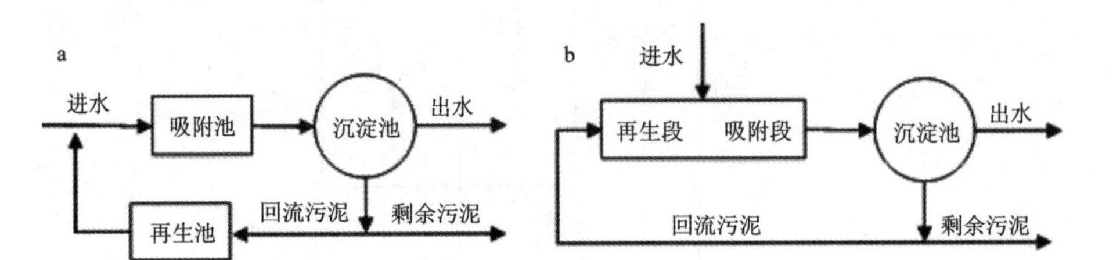

(a)分建式系统；(b)合建式系统

图 4-11　吸附-再生法处理流程图

吸附-再生法将有机物的吸附和降解过程分置在两个反应器中进行，使得该工艺具有如下特点：由于吸附池吸附过程在较短时间内完成，且再生池已经排出剩余污泥，因此可以设计较小池容；抗冲击负荷能力较强，吸附池遭到破坏，再生池可以进行适当补充；不适合含有较多溶解性有机物的废水，而适合处理胶体物质含量较高的工业废水；BOD 降解曲线呈先急剧下降、后缓慢下降形态。

(5)浅层曝气法和深层(井)曝气法。浅层曝气法又名殷卡曝气法(Inka aertion)，这项工艺的原理是：气泡只有在其形成与破碎的一瞬间有着最高的氧转移率，而与其在液体中的移动高度无关。浅层曝气的曝气装置多为由穿孔管组成的曝气栅，曝气装置多设置于曝气池的一侧，距水面深度 800～900mm。为了在池内形成环流，在池中心处设导流板。

深层曝气池又可称为深水曝气池，曝气池内水深可达 8.5～30m，由于水压较大，故氧利用率较高。但深层曝气池需要的供风压力较大，因此动力消耗大。这种工艺的效益是：由于水压增大，提高了混合液的饱和溶解氧浓度，加快了氧的传递速率；曝气池向竖向深度发展，降低了占用的土地面积。

超深层曝气法又称为深井曝气池(曝气井)，原理见图 4-12，其直径介于 1～6m 之间，深度可达 70～150m，井中间设隔离墙将井一分为二或在井中心设内井筒，将井分为内、外两部分。在前者的一侧，后者的外环部设空气提升装置，使混合液上升。而在前者的另一侧，后者的内井筒内产生降流。这样在井隔离墙两侧和井中心筒内外，形成由上而下的流动。由于水深度大，氧的利用率高，有机物降解速度快，效果显著。

深井曝气处理效果好，并具有充氧能力高、动力效率高、占地少、设备简单、易于操作和维修、运行费用低、耐冲击负荷能力强、产泥量低、处理不受气候影响等优点。

(6)纯氧曝气法。纯氧曝气法又名富氧曝气泥法，空气中氧的含量仅为 21%，而纯氧中的含量为 90%～95%，氧分压比空气高 4.4～4.7 倍，用纯氧进行曝气，以提高氧向混合液的传递能力。

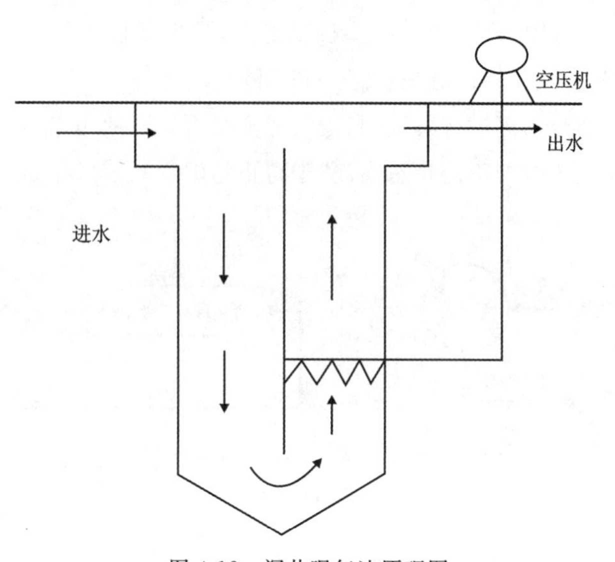

图 4-12 深井曝气法原理图

纯氧曝气法的主要优点如下：①氧利用率可达 80%～90%，而鼓风曝气系统仅为 10%左右；②曝气池内混合液的 MLSS 值可高达 4000～7000mg/L，能够提高曝气池的容积负荷；③曝气池内混合液的 SVI 值较低，一般都低于 100，污泥膨胀现象发生得较少。

(7)吸附-生物降解工艺(AB 法)。该工艺将曝气池分为高、低负荷两段，各有独立的沉淀和污泥回流系统。高负荷段(A 段)停留时间为 20～40min，以生物絮凝吸附作用为主，同时发生不完全氧化反应，生物主要为短世代的细菌群落，去除 BOD 达 50%以上。低负荷段(B 段)与常规活性污泥相似，负荷较低，泥龄较长。

AB 法工艺的主要特征：A 段在很高的负荷下运行，其负荷率通常为普通活性污泥法的 50～100 倍，污水停留时间只有 30～40min，污泥龄仅为 0.3～0.5d，A 段对水质、水量、pH 值和有毒物质的冲击负荷有极好的缓冲作用。A 段产生的污泥量较大，约占整个处理系统污泥产量的 80%左右，且剩余污泥中的有机物含量高。

B 段可在很低的负荷下运行，负荷范围一般小于 0.15kgBOD/(kgMLSS · d)，水力停留时间为 2～5h，形成污泥的时间较长，且一般为 15～20d。在 B 段曝气池中生长的微生物除菌胶团微生物外，有相当数量的高级真核微生物，这些微生物世代期比较长，并适宜在有机物含量比较低的情况下生存和繁殖。

A 段与 B 段各自拥有独立的污泥回流系统，相互隔离，保证了各自独立的生物反应过程和不同的微生物生态反应系统，人为地设定了 A 段和 B 段的明确分工。

AB 法的主要优点：对有机底物去除效率高；系统运行稳定，主要表现有出水水质波动小，有极强的耐冲击负荷能力；有良好的污泥沉降性能和较好的脱氮除磷效果；运行费用低，耗电量低，可回收沼气能源。

AB 法的主要缺点：A 段在运行中如果控制不好，很容易产生臭气，影响附近的环境卫生，这主要是由于在超高有机负荷下工作，A 段曝气池运行于厌氧工况下，产生硫化氢、大粪素等恶臭气体；当对除磷脱氮要求很高时，A 段不宜按 AB 法的原来去除有机物的分配比去除

BOD 55%～60%，因为这样 B 段曝气池的进水含碳有机物含量的碳/氮比偏低，不能有效地脱氮；污泥产率高，A 段产生的污泥量较大，约占整个处理系统污泥产量的 80%左右，且剩余污泥中的有机物含量高，这给污泥的最终稳定化处置带来了较大压力。

5. 接触氧化法

1)生物接触氧化法构造

生物接触氧化法又称浸没式曝气生物滤池，是在生物滤池的基础上发展演变而来的。生物接触氧化池内设置填料，填料淹没在污水中，填料上长满生物膜，污水与生物膜接触过程中，水中的有机物被微生物吸附，氧化分解和转化为新的生物膜，从填料上脱落的生物膜随水流到二沉池后被去除，污水得到净化。空气通过设在池底的布气装置进入水流，随气泡上升时向微生物提供氧气。

2)生物接触氧化法优点

生物接触氧化法是介于活性污泥法和生物滤池二者之间的污水生物处理技术，兼有活性污泥和生物膜法的特点，具有下列优点。

(1)由于填料的比表面积大，池内的充氧条件良好。生物接触氧化池内单位容积的生物固体量高于活性污泥法曝气池及生物滤池，因此生物接触氧化法具有较高的容积负荷。

(2)生物接触氧化法不需要污泥回流，不存在污泥膨胀问题，运行管理简便。

(3)由于生物固体量多，水流又属完全混合型，因此生物接触氧化池对水质水量的骤变有较强的适应能力。

(4)生物接触氧化池有机容积负荷较高时，其 F/M 保持在较低水平，污泥产率较低。

3)生物接触氧化法工艺流程

生物接触氧化池应根据进水水质和处理程度确定，一般采用单级式、二级式或多级式。图 4-13、图 4-14 和图 4-15 是生物接触氧化法的几种基本流程。在一级处理流程中，原污水经预处理(主要为初沉池)后进入接触氧化池，出水经过二沉池分离脱落的生物膜，实现泥水分离。在二级处理流程中，二级接触氧化池串联进行，必要时中间可设中间沉淀池(简称中沉池)多级处理流程中，串联三座或三座以上的接触氧化池。第一级接触氧化池内的微生物处于对数增长期和减速增长期的前段，生物膜增长较快，有机负荷较高，有机物降解速率也较大，后续的接触氧化池内微生物处在生长曲线的减速增长期后段或生物膜稳定期，生物膜增长缓慢，处理水水质逐步升高。

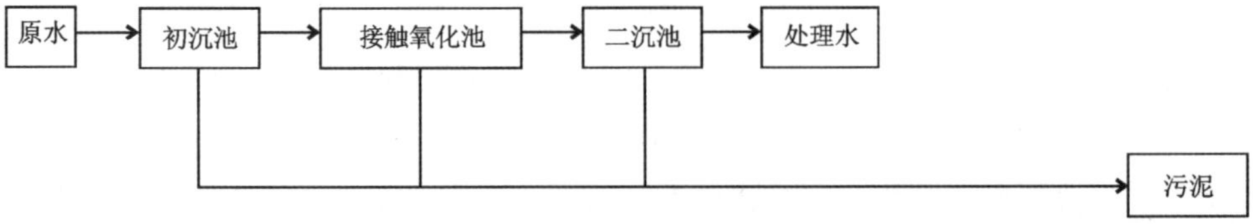

原水 → 初沉池 → 接触氧化池 → 二沉池 → 处理水

初沉池、接触氧化池、二沉池 → 污泥

图 4-13　单级生物接触氧化法工艺流程

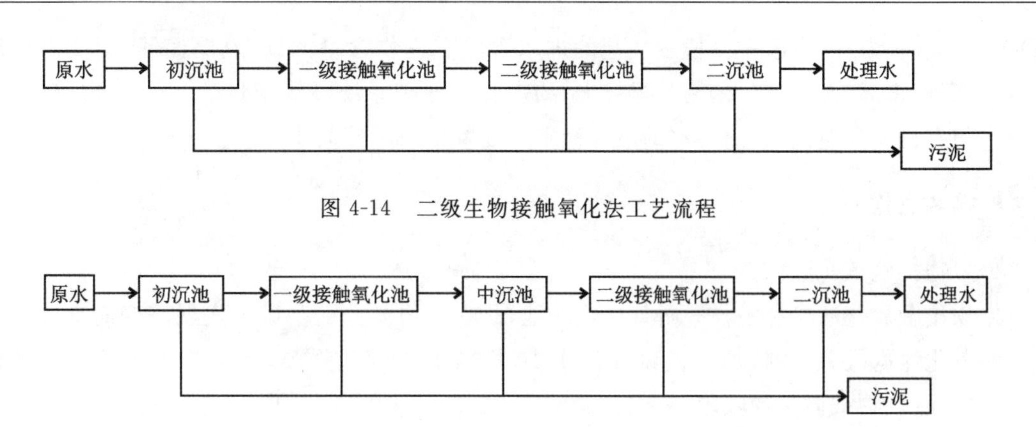

图 4-14　二级生物接触氧化法工艺流程

图 4-15　二级生物接触氧化法工艺流程(设中沉池)

6. 厌氧生物处理

厌氧消化过程耗能小,还能回收甲烷产生电能对污水处理工艺电耗进行补充,因此新的厌氧工艺和构筑物被不断研发出来,在处理高浓度工业有机废水和低浓度污水方面都有了广泛应用,取得了较好的效果和经济效益。

1)厌氧消化的机理

厌氧生物处理是在无氧的条件下,利用兼性菌和厌氧菌分解有机物的一种生物处理法。早期的厌氧生物处理研究对象是污泥,因此也称为污泥消化或污泥生物稳定过程。最近的研究表明,厌氧生物处理技术不仅适用于污泥的稳定处理,也适用于中高浓度的有机废水处理。

微生物厌氧分解有机物,主要可分为 3 个阶段(图 4-16)。

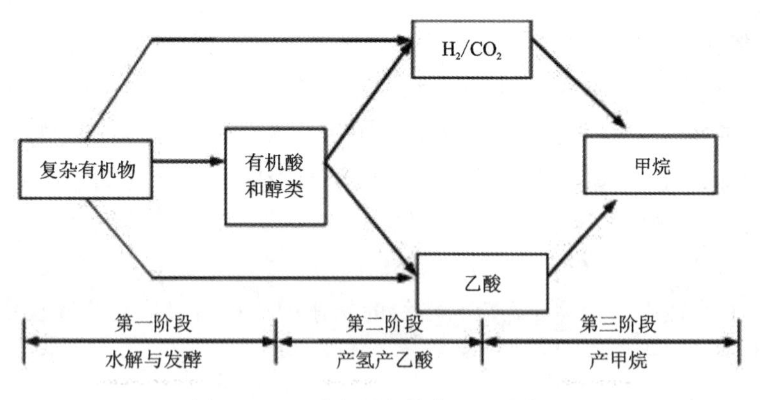

图 4-16　三阶段厌氧消化过程示意图

第一阶段为水解与发酵阶段。该阶段主要是大分子物质被水解为小分子物质,如多糖转化为单糖,蛋白质转化为氨基酸,脂类转化为甘油和脂肪酸。继而这些简单的有机物在产酸菌的作用下经过厌氧发酵和氧化转化成乙酸、丙酸、丁酸等脂肪酸和醇类等。第二阶段为产氢产乙酸阶段。在该阶段,产氢产乙酸菌把除乙酸、甲烷、甲醇以外的第一阶段产生的中间产物,如丙酸、丁酸等脂肪酸和醇类等转化成乙酸和氢,并有 CO_2 产生。第三阶段为产甲烷阶段。在该阶段,产甲烷菌把第一阶段和第二阶段产生的乙酸、H_2 和 CO_2 等转化成甲烷。

2)厌氧生物处理的影响因素

厌氧生物处理,产甲烷菌反应速率较慢,也最容易受到抑制。因此,在讨论影响因素时,更多地会考虑甲烷菌的活性。

(1)温度。温度是控制厌氧消化的主要因素。细菌对温度的适应可以分为低温(5～15℃)、中温(30～35℃)和高温(50～55℃)。研究发现,随着温度的升高,厌氧消化反应越剧烈,中温消化的消化时间(产气量达到总量 90%所需时间)约为 20d,高温消化的消化时间约为 10d。

(2)pH 值。产甲烷菌适宜的 pH 值应在 6.8～7.2 之间,pH 值低于 6 或者高于 8,厌氧消化都会受到影响。因此,混合液中需要足够的缓冲物质如碳酸盐。一般来说,系统中应保持碱度 2000～3000mg/L(以 $CaCO_3$ 计)。

(3)有机负荷。厌氧处理系统正常运转取决于产酸与产甲烷反应速率的相对平衡。若有机负荷过高,则产酸率将大于用酸(产甲烷)率,挥发酸将累积而使 pH 值下降,破坏产甲烷阶段的正常进行,严重时产甲烷作用停顿;相反,若有机负荷过低,物料产气率或有机物去除率虽可提高,但容积产气率降低,反应器容积将增大,使消化设备的利用效率降低,投资和运行费用提高。

(4)C/N 值。基质的组成也直接影响厌氧处理的效率和微生物的增长,一般来讲,C/N 值达到(10～20)∶1 为宜。如 C/N 值太高,细胞的氮量不足,消化液的缓冲能力低,pH 值容易降低;C/N 值太低,氮量过多,pH 值可能上升,铵盐容易累积,会抑制消化进程。

(5)搅拌和混合。厌氧消化是细菌体的内酶和外酶与底物进行的接触反应,因此必须保证二者充分混合,才能发挥最佳的反应器效能。但是研究表明,产乙酸菌和产甲烷菌之间存在着严格的共生关系,如果在系统内进行连续的剧烈搅拌则会破坏这种共生关系。

3)厌氧生物处理工艺

污水厌氧生物工艺从出现的时间上可分为第一代厌氧反应器(化粪池、传统消化池和厌氧接触法)、第二代厌氧反应器(UASB、AF、AFB、AAFEB 和 ARBC)、第三代厌氧反应器(EGSB 和 IG 等);也可按照污泥在反应器中存在的形态进行分类(图 4-17)。

7. 生物脱氮除磷技术

1)生物脱氮技术

城市污水中的氮通常以有机氮化合物(蛋白质和氨基酸等)和氨氮等形式存在。污水生物脱氮处理过程中氮的转化主要包括氨化、硝化、反硝化反应及同化作用。其中,氨化反应可在好氧或厌氧条件下进行,硝化反应是在好氧条件下进行,反硝化反应在缺氧条件下进行的。生物脱氮是指含氮化合物经过氨化、硝化和反硝化反应后,转变为氮气而从水中去除的过程。

(1)氨化反应。氨化反应是指有机氮被氨化细菌分解转化为氨态氮的过程,有机氮被转化为无机氮后更适合被其他细菌所利用。含氮有机物在有氧和无氧的条件下都能被相应的微生物所分解,释放出氨。

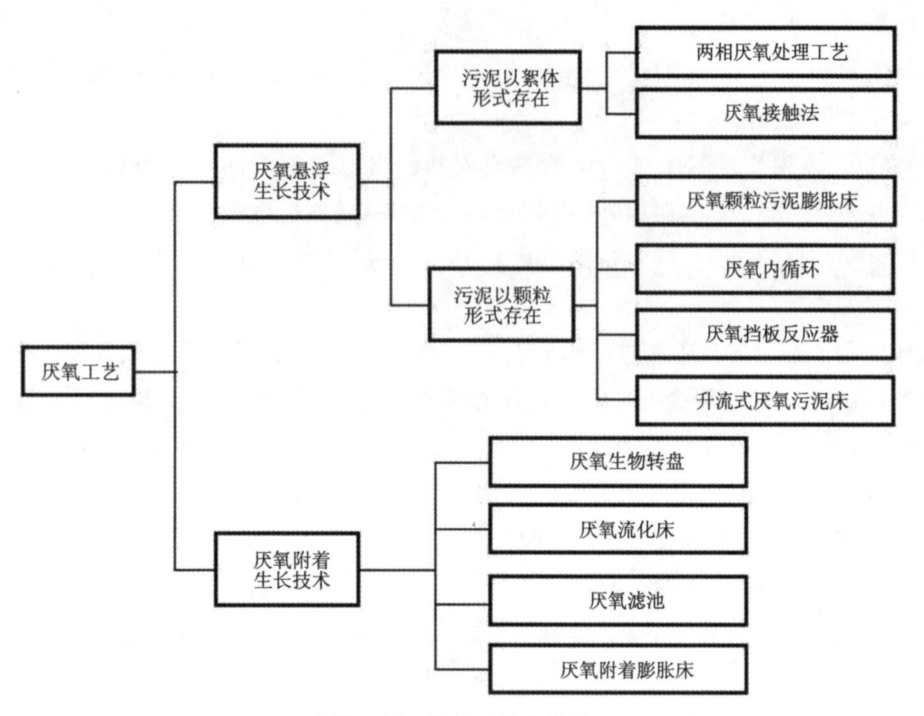

图 4-17　厌氧工艺分类图

(2)硝化反应。硝化反应是在有氧的条件下,氨氮经过氨氧化细菌(ammonia-oxidizing bacteria,AOB)氧化为亚硝酸盐,再被亚硝酸盐氧化菌(nitrite-oxidizing bacteria,NOB)氧化为硝酸盐。

氨氧化细菌和亚硝酸盐氧化菌统称为硝化菌,均为化能自养型微生物。氧化氨氮和亚硝酸盐会为硝化过程提供所需的能量,微生物所需的碳源来源于二氧化碳、碳酸盐或碳酸氢盐等无机碳。

(3)反硝化反应。反硝化反应指在缺氧条件下,反硝化菌将硝化过程产生的硝酸盐、亚硝酸盐还原为氮气的过程。

反硝化反应为呼吸、产能过程,主要涉及 4 种还原酶,依次是硝酸盐还原酶(Nar)、亚硝酸盐还原酶(Nir)、一氧化氮还原酶(Nor)和氧化亚氮还原酶(Nos)。反硝化菌为异养型细菌,需要足够的有机物作为电子供体。

(4)同化作用。同化作用是指生物处理过程中,污水中一部分氮(氨氮或有机氮)被同化成微生物细菌的组成部分,并以剩余污泥的形式从污水中去除的过程。当进水氨氮浓度较低时,同化作用可能成为脱氮的主要途径。

2)生物除磷技术

城市污水中的磷通常以有机磷、磷酸盐和聚磷酸盐的形式存在。生物除磷技术包括两大类:第一类同化作用除磷,微生物通过利用污水中的磷元素合成细胞组织成分,但这类过程对磷元素的利用量较少,只占污水系统总磷量的 10%～20%;第二类强化生物除磷,由聚磷菌(PAOs)吸磷和放磷两个过程组成。

(1)厌氧释磷阶段。在厌氧条件下,聚磷酸菌水解细胞内的多聚磷酸盐中的磷酸二酯键从中获得能量,用于吸收污水中的可挥发性脂肪酸(VFAs)类物质,生成包括聚-β-羟基丁酸酯(PHB)、聚-β-羟基戊酸酯(PHV)和聚乳酸等物质在内的聚-β-羟基烷酸酯(PHAs),并且以有机颗粒的形式储存于细胞内,同时将多聚磷酸盐水解后产生的正磷酸盐释放到环境中。

(2)好氧超吸磷阶段。在好氧条件下,聚磷菌有氧呼吸,氧化分解厌氧阶段形成的 PHAs 获取能量,并过量地从污水中摄取磷酸盐合成多聚磷酸盐储存于菌体内,形成高磷含量的活性污泥,通过排放含磷剩余污泥的方式实现除磷效果。

值得注意的是,传统 EBPR 理论认为利用 PAOs 除磷必须保证厌氧阶段和好氧阶段交替进行,厌氧阶段的释磷是好氧阶段超量吸磷的前提,也是整个除磷过程必不可少的阶段。

3)同步硝化反硝化除磷技术

同步硝化反硝化除磷(SNDPR)技术是将强化生物除磷(EBPR)和同步硝化反硝化(SND)耦合的一种新型技术,也可以认为是将硝化和反硝化除磷这两个相互联系又相互矛盾的过程放在同一系统内。SNDPR 系统中,DPAOs 代替 SND 系统中的普通反硝化菌,成为反硝化的优势菌群,使硝化和反硝化除磷这两个相互矛盾的生化过程同时进行,也解决了反硝化和除磷过程对碳源的竞争的问题。SNDPR 技术降低了脱氮和除磷过程对碳源和曝气量的需求,简化了处理系统的工艺流程,尤其适合对碳源不足污水的处理。

目前对 SNDPR 技术的研究,使用的工艺较为单一,以 SBR 运行方式为主,且没有确定统一的运行条件和影响因素。在同时存在硝化、反硝化和聚磷的系统中,同步硝化反硝化和反硝化除磷等过程同时存在,菌群关系复杂,探讨菌群种类和各菌群之间的关系对建立和稳定运行 SNDPR 系统很重要。

4)生物脱氮除磷的主要影响因素

生物脱氮和生物除磷过程都受到温度、pH 值、溶解氧、碳源、泥龄等因素影响,但两者对不同环境条件的反馈有所不同。

(1)温度。生物脱氮:生物硝化反应适宜的温度范围为 20～30℃,15℃以下硝化反应速率下降,5℃时基本停止。反硝化反应适宜的温度范围为 20～40℃,15℃以下反硝化反应速率下降。

生物除磷:生物除磷的温度宜大于 10℃,聚磷菌在低温时生长速率下降。

(2)pH 值。生物脱氮:硝化菌对 pH 值变化十分敏感,适宜的 pH 值应在 7.7～8.1 之间;而亚硝化菌在 pH 值为 7.0～7.8 区间活性最好。当 pH 值低于 5.5 时,硝化反应几乎停止。由于硝化反应需要消耗碱度,一般来说,系统中碱度应大于 70mg/L(以 $CaCO_3$ 计)。反硝化菌最适宜的 pH 值在 7.0～7.5 之间,由于反硝化过程产生部分碱度,有利于维持 pH 值在所需范围。

生物除磷:适宜的 pH 值范围为中性或弱碱性。

(3)溶解氧。生物脱氮:硝化反应宜保持溶解氧浓度在 2.0mg/L 以上,溶解氧含量的增加有助于提高硝化反应速率。溶解氧对反硝化反应有抑制作用,氧气会与硝酸盐竞争电子供体,并抑制硝酸盐还原酶合成和活性。

生物除磷:溶解氧是影响生物除磷的重要因素。生物除磷的厌氧环境要求既没有溶解氧也没有硝态氮。厌氧区溶解氧的存在不利于污泥放磷过程，这是因为微生物好氧呼吸消耗了部分有机物，使产酸菌可利用的有机物减少，进而导致聚磷菌所需的溶解性可快速生物降解的有机物减少。实际发现，厌氧条件下多释放1mg的磷，进入好氧状态后微生物可多吸收2～2.4mg的磷。

硝酸盐和亚硝酸盐对生物除磷的影响与溶解氧相似。厌氧区中如存在硝酸盐和亚硝酸盐，反硝化细菌以它们为最终电子受体氧化有机物，使厌氧发酵受到抑制而不产生VFAs。通常在存在硝酸盐时，微生物进行缓慢吸磷，只有硝酸盐经反硝化耗完后才开始放磷。因此，污水处理厂工艺要求同时进行生物脱氮除磷时，必须仔细安排工艺以减少和避免硝酸盐对生物除磷的影响。

(4)碳源。生物脱氮：反硝化过程中异养菌利用有机物作为电子供体，碳源的数量直接影响反硝化的效果。脱氮时，污水中的BOD_5与总凯氏氮之比宜大于4，否则反硝化速率降低，反硝化过程进行不彻底。此外，碳源质量也很重要，反硝化过程需要易于生物降解的有机物。

生物除磷：碳源的数量和质量均影响生物除磷效果。有机物浓度提高会诱发反硝化作用，迅速耗去硝酸盐，有利于污泥越早越快地放磷。提高有机物浓度还可为发酵产酸菌提供足够养料，从而为聚磷菌提供放磷所需的溶解性有机基质。对于生物除磷工艺，一般要求污水中的BOD_5与总磷浓度之比大于17。此外，大分子有机物必须先在发酵产酸菌的作用下转化为小分子的发酵产物后，才能被聚磷菌吸收利用并诱导放磷。甲酸、乙酸、甲醇、乙醇、葡萄糖、乳酸、丁酸和琥珀酸等是易被聚磷菌利用的有机物。

(5)泥龄。生物脱氮：硝化过程的泥龄一般是硝化菌最小世代时间的2倍以上。生物脱氮过程泥龄宜为12～25d，对应BOD的负荷(相对于MLSS)为0.05～0.15kg/(kg·d)。当冬季温度低于10℃时，应适当提高泥龄。

生物除磷：生物除磷系统中大部分磷的去除是通过排走剩余污泥实现的。当生物污泥含磷量一定时，剩余污泥排放得越多，系统去除的磷就越多，同时泥龄就越小。但过小的泥龄会影响污水的生物处理效果，因此生物除磷系统的泥龄宜控制在3.5～7d的范围。

8. 污水处理厂的建设、试运行与“双碳”目标的融合

污水处理厂设计包括各种不同处理的构筑物，附属建筑物，管道的平面和高程设计并进行道路、绿化、管道综合、厂区给排水、污泥处置及处理系统管理自动化等设计，以保证污水处理厂达到处理效果稳定，满足设计要求，运行管理方便，技术先进，投资运行费用省等各种要求。

污水处理工程的试运行，不同于一般建筑给排水工程或市政给排水工程的试运行，前者包括复杂的生物化学反应过程的启动和调试，过程缓慢，耗费时间长，受环境条件和水质水量的影响较强，而后两者仅仅需要系统通水和设备正常运转便可以。污水处理工程的试运行与工程的验收一样是污水治理项目最重要的环节。通过试运行可以进一步检验土建工程、设备和安装工程的质量，更重要的是要检验工程运行是否能够达到设计的处理效果。

“双碳”目标是依赖于生态文明建设的成果，是系统推进生态文明建设的重要抓手，是生态文明的重要内容，是驱动系统性变革的过程，是高质量发展的必经之路。污水处理行业正经历着从“以能耗能，污染转移”向“效果服务，质量提升”“系统服务，创造价值”“循环链接，生态融合”提升演变。污水处理行业的“碳达峰”是指污染治理过程本身耗能是必然的，但是通过节能和提效，使得污水处理行业化石能源消耗尽早达峰，摆脱化石能源依赖；污水处理行业的“碳中和”是通过循环和替代，驱动污水处理行业的工艺路线、管理水平、功能价值等实现系统性的变革，成为城市的能源中心、资源中心。

4.1.3　野外具体观察和描述内容

点位 1：江夏污水处理厂正大门。

点义：污水处理厂概况。

内容：由污水厂工作人员介绍，对照相关现场资料，了解该污水厂所涉收集区域的污水处理的历史沿革及该厂现今的污水处理大致流程。

2018 年以前，江夏北部区域的污水通过收集管网集中进入纸坊污水处理厂处理，日均处理 7 万 t。当年 6 月底，清水入江工程一期江夏污水处理厂投入使用，污水处理能力提升至日均 15 万 t。清水入江工程分为污水收集及处理工程（江夏污水处理厂）、雨水防洪排涝工程、给水工程、湖泊生态治理工程、水资源管理工程五大类。该工程将管网和污水处理厂同步建设，通过智能化控制进行污水收集和防洪排涝，是我国中部地区首个污水全收集、全处理工程。

江夏污水处理厂位于青郑高速以东、107 国道以西、臣子山及邢远长街西延线合围地块，隶属中信清水入江（武汉）投资建设有限公司，是清水入江 PPP 项目的核心子项，远期设计规模 45 万 t/d，分三期建设，服务范围包括纸坊街、五里界街、郑店街、江夏经济开发区等。其中，一期工程占地面积 134 亩（1 亩≈666.67m^2），设计规模为 15 万 t/d，2018 年 6 月正式投入使用；二期工程设计规模 15 万 t/d，正在建设中。工程配套建设两根管径 1.2m，长 8.8km 的纸坊提升泵站至江夏污水处理厂传输管网，将原纸坊污水处理厂污水通过泵站传输到江夏污水处理厂进行处理；同时建设一根管径 1.8m，长 9.8km 的尾水排江管道，将江夏污水处理厂的污水处理达标后通过海口泵站排入长江。江夏污水处理厂出水各项指标全部达到《城镇污水处理厂污染物排放标准》（GB 18918—2002）一级 A 标准，处理达标的尾水通过尾水管道排入长江，从根本上解决了江夏区纸坊城区污水处理能力不足造成污水直排污染汤逊湖的问题，大幅度削减了污染负荷。

污水处理的主要工艺流程如下（图 4-18）：

（1）总配水井：均匀分配污水厂的外来原污水。

（2）格栅间及曝气沉砂池：去除大的漂浮物及粒径较大的砂粒。

（3）生化反应池：改良型 A^2/O 生物池，去除大部分的有机污染物及氮、磷等无机污染物。

（4）二沉池：实现剩余污泥和处理水的固液分离，使混合液澄清。

（5）高效澄清池＋纤维转盘滤池：进行深度处理，以进一步去除水中的固体悬浮物及磷等。

（6）接触消毒池：杀死出水中的细菌及病毒。

（7）污水处理达标后经过尾水专用管道排入长江。

(8)污泥处理区：功能是实现污泥的减量化、稳定化、无害化及资源化，总共有4道工序，可将污泥含水率、污泥体积大大降低。污泥经深度处理后送至华新水泥作为建材利用，实现污泥的资源化。

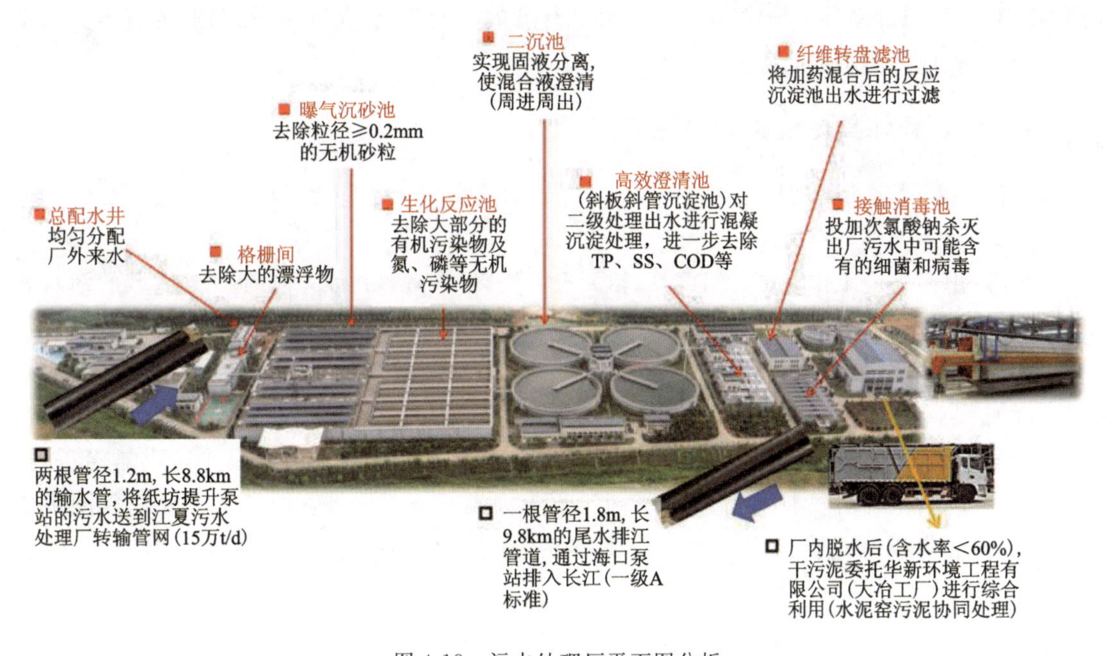

图4-18　污水处理厂平面图分析

点位2：总配水井。

点义：掌握污水厂的进水水量、水质，配水井的作用。

内容：

(1)污水处理厂规模。采用人均综合用水量指标法、单位建设用地综合用水量指标法对江夏污水处理厂污水量进行预测，以确定设计处理规模。

(2)进出水水质。根据江夏区污水系统专项规划以及江夏污水处理厂（一期）可行性研究报告，江夏污水处理厂服务对象为片区内的居民生活污水，没有工业废水等。故其设计进水水质参照《污水排入城镇下水道水质标准》(CJ 343—2010)中表1B等级标准和武汉市现有运行的城市污水处理厂进水水质执行。设计进水水质为：生化需氧量180mg/L，化学需氧量500mg/L，悬浮物280mg/L，氨氮35mg/L，总磷(TP)4mg/L，总氮(TN)45mg/L。

污水处理后尾水达到《城镇污水处理厂污染物排放标准》(GB 18918—2002)中的一级A标准后排入长江。尾水排放量为15万t/d，尾水中污染物浓度和排放量为：生化需氧量≤10mg/L、1.5t/d，化学需氧量≤50mg/L、7.5t/d，悬浮物≤10mg/L、1.5t/d，氨氮≤5mg/L、0.75t/d，总磷≤0.5mg/L、0.075t/d，总氮≤15mg/L、2.25t/d。

(3)配水井。配水井采用半地下式潜水污水泵站，地下钢筋混凝土梯形集水池，用以均匀分配污水厂的外来原污水，满足污水处理厂竖向水头损失需求（污水厂中的污水都是重力流）。总配水井1座，尺寸为：$L\times B\times H=16.2m\times 10.6m\times 9.0m$。

点位 3:格栅间。

点义:掌握格栅的作用和原理。

内容:粗格栅可以去除污水中较大漂浮物,并拦截直径大于 20mm 的杂物,以保护后续水泵等处理构筑的正常运行。粗格栅是钢筋混凝土结构,直壁平行渠道。尺寸为 $L\times B\times H=$ 16.2m×10.6m×9.0m,设计流量 $Q=6500m^3/h$。

细格栅是一座建筑物,渠道 3 条。它可在粗格栅之后,进一步去除污水中较大漂浮物,如丝状、带状漂浮物。它的类型是地上钢筋混凝土结构,直壁平行渠道,框架式细格栅间。

栅渣是污水处理厂格栅井和旋流沉砂池中由回转式格栅除污机分离出的粗细垃圾、漂浮物等,污水处理厂每天产生约 5t 栅渣。污水处理厂营运过程产生的栅渣成分较复杂,主要有泡沫塑料、废塑料袋、膜、纤维、纸屑、木片、果皮、菜帮等,其中以废塑料制品所占的比例较大,而果皮、菜帮等生活垃圾及动物尸体等废物很快就会腐败发臭,产生氨和硫化氢等恶臭气体,如不及时处理,将污染堆放场所的环境。

点位 4:曝气沉砂池。

点义:掌握曝气沉砂池的作用和原理。

内容:曝气沉砂池可去除污水中粒径≥0.2mm 的无机砂粒,以保护后续管道及水处理设备,并减少污水中的砂粒。其构造是矩形钢筋混凝土池,池数 1 座,设计尺寸是 $L\times B=$ 50.3m×9.4m,$H=4.6m$。设计流量 $Q=2m^3/s$,水力停留时间 $t=4.0\sim5.0min$。

在沉砂池中由砂水分离器中分离出的沉砂,每天将产生沉砂 4t。沉砂的主要成分是泥沙等相对密度大于水的无机残渣,如砂石、煤土之类,同时还吸附一些废油类有机物,也可散发出一些臭气,若堆放在地面不及时清运,受雨水冲刷,污染物也可溶出。

点位 5:生物反应池。

点义:掌握生物反应池的原理和工艺流程。

内容:

1)处理构筑物

江夏污水处理厂中的生物反应池是半地下式钢筋混凝土矩形构筑物,其数量是 2 座,总设计流量为 $6500m^3/h$。水力停留时间 $t=16.5h$(选择区、厌氧区、缺氧区和好氧区停留时间分别为 0.5h、1.5h、3.7h、10.8h)。单池总容积 $7000m^3$,有效水深 $H=6.0m$,污泥龄 12d,污泥回流比 $R=100\%$,硝化液回流比 $r=300\%$。反应池 2 座,合计 15 万 m^3/d,尺寸 $L\times B=$ 101m×83m,$H=7m$。

2)生物处理的选择和原理

江夏污水处理厂的处理尾水的排放要求较高,如仅采用一种主体处理工艺则很难完全稳定地达到水质要求,因而需要采用多种处理工段进行合理组合,且保证各处理工段的互容性以及协调性。根据污水处理厂进、出水水质要求,并结合拟建污水处理厂规模、用地条件、管理水平等因素综合考虑,拟选择改良型 A^2/O 工艺。

(1)传统 A^2/O 工艺。A^2/O 工艺即厌氧-缺氧-好氧活性污泥法,其构造是在 A/O 工艺的厌氧区之后、好氧区之前增设一个缺氧区,好氧区具有硝化功能,并使好氧区中的混合液回流至缺氧区进行反硝化,使之脱氮。污水在流经 3 个不同功能分区的过程中,在不同微生物菌群作用下，使污水中的有机物、氮和磷都得以去除，达到同时进行生物除磷和生物除氮的目的。其工艺原理详述如下(图 4-19)。

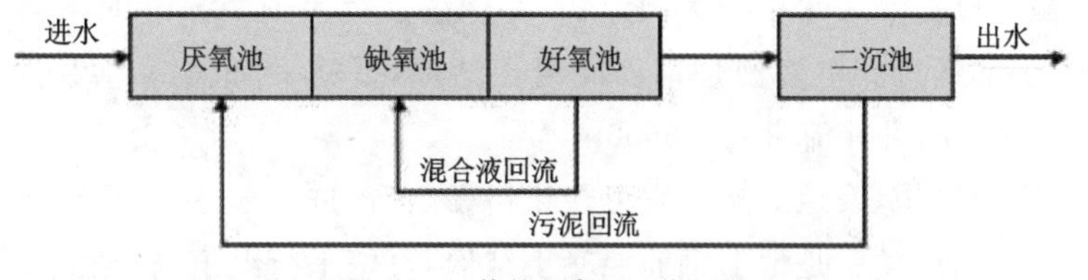

图 4-19　传统 A^2O 工艺原理

首段厌氧池，流入原污水与同步进入的从二沉池回流的含磷污泥混合。本池主要功能为释放磷，使污水中磷的浓度升高，溶解性有机物被微生物细胞吸收而使污水中 BOD 浓度下降；另外，NH_3-N 因细胞的合成而被去除一部分，使污水中 NH_3-N 浓度下降，但 NO_3-N 含量没有变化。

在缺氧池中，反硝化菌利用污水中的有机物作碳源，将回流混合液中带入的大量 NO_3-N 和 NH_4-N 还原为 N_2 释放至空气，因此 BOD_5 浓度大幅度下降，而磷的变化很小。

在好氧池中，有机物被微生物降解，而继续下降；有机氮首先被氨化继而被硝化，使 NH_3-N 浓度显著下降，但随着硝化过程使 NO_3-N 的浓度增加，磷随着聚磷菌的过量摄取，也以较快的速度下降。

所以，A^2/O 工艺可以同时完成有机物的去除、硝化脱氮、磷的去除等功能。脱氮的前提是 NH_3-N 应完全硝化，好氧池能完成这一功能；缺氧池则完成脱氮功能；厌氧池和好氧池联合完成除磷功能。

在系统上，该工艺是最简单的脱氮除磷工艺，在厌氧、缺氧、好氧交替运行的条件下，可抑制丝状菌的繁殖，防止污泥膨胀。各个反应区域严格分开，有利于不同微生物菌群的繁殖生长，脱氮除磷效果好。目前，该工艺在国内外有较广泛的使用，运行良好。

(2)改良的原理。为解决 A^2/O 工艺回流污泥中硝酸盐对厌氧释磷的影响，可对回流污泥进行两次回流，或进水分两点进入等措施。采用改良型 A^2/O 工艺，主要对传统 A^2/O 工艺进行如图 4-20 所示的改良。

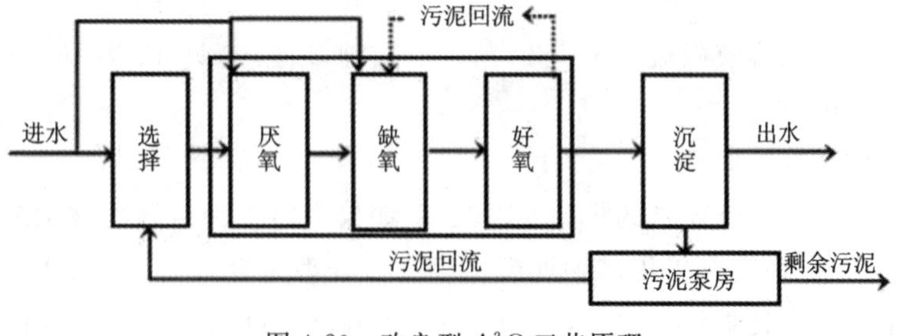

图 4-20　改良型 A^2O 工艺原理

在厌氧池前增设选择池，回流污泥和少部分进水先进入选择池，在选择池中混合液的基质浓度很高，局部提高了 F/M 值，从而有利于聚磷菌对基质的摄取，在选择池内形成一种强化吸附作用，抑制丝状菌的繁殖，还可解决回流污泥中硝酸盐(化合态氧)对厌氧区释磷的影响。

F/M 值是污泥负荷的意思，是指在单位质量的活性污泥在单位时间内所承受的有机物的量。其中 F 指有机物的量，M 指活性污泥的量，单位是 kg/(kg)·d。可以通过废水中有机物的含量调整污泥的回流比来控制 F/M 值。F/M 值并非越大越好，需要根据不同的情况，将其控制在一定的范围。污水水质情况、出水水质要求、污泥情况等不同，F/M 值的范围也有所差异，一般取 0.05～0.08。

对 A^2O 生物反应池进行多点进水，将进水中的碳源进行多点分配，分别进到选择池、厌氧池及缺氧池。可根据实际运行情况合理调整各点进水量。江夏污水处理厂脱氮要求较高，而除磷脱氮都需要碳源物质，传统的 A^2O 工艺缺氧池位于厌氧池后，对碳源物质的需求处于不利位置，本污水处理厂中除磷还可以通过后续的深度处理工艺进行（例如絮凝过滤）。所以，污水处理厂是设计考虑在缺氧区增设进水点，优先保证脱氮所需碳源。

生物反应池在运行过程中，污泥回流量可根据反应池中混合液污泥浓度，通过调整投入运行的回流污泥泵的数量或流量进行调节控制；硝化液回流量可通过调整投入运行的内回流泵的数量或流量进行调节控制。

改良型 A^2O 工艺技术成熟，国内外应用最多，适用性强，处理效率高，运行成本低，特别适合于大中型规模污水厂。

点位 6：二次沉淀池。

点义：掌握和理解二沉池的作用和原理。

内容：二次沉淀池的作用是对生物反应池出水的混合液进行固液分离，确保活性污泥和处理后的污水分开，从而出水达标排放。江夏污水处理厂的二次沉淀池是钢筋混凝土结构，周进周出圆形辐流式沉淀池。它的池数是 4 座，合计 15 万 m^3/d，平面尺寸为 $D=48m$，$H=5m$。单池设计流量 $Q=1650m^3/h$，设计表面负荷为 $q_{max}=1.12m^3/m^2\cdot h$，设计流量停留时间 4h，有效水深 4.5m。

点位 7：高效澄清池＋纤维转盘滤池。

点义：掌握和理解高效澄清池以及纤维转盘滤池的作用和原理。

内容：

1）高效澄清池

高效澄清池的作用是对二级处理出水进行混凝沉淀处理，以进一步去除 TP、SS、COD 等。江夏污水处理厂的高效澄清池是一种采用斜管沉淀及污泥循环方式的快速、高效的沉淀池，它由 3 个主要部分组成：反应池、预沉池——浓缩池、斜管分离区。

（1）反应池。反应池分为两个部分：一个是快速混凝搅拌反应池，另一个是慢速混凝推流式反应池。

快速混凝搅拌反应池是将原水（通常已经过预混凝）引入反应池底板的中央。一个叶轮位于中心稳流型的圆筒内。该叶轮的作用是使反应池内水流均匀混合，并为絮凝和聚合电解质的分配提供所需的动能量。混合反应池中悬浮絮状或晶状固体颗粒的浓度保持在最佳状态，该状态取决于所采用的处理方式。来自污泥浓缩区的浓缩污泥的外部再循环系统使池中污染浓度得到保障。

慢速混凝推流式反应池是上升式推流反应池，也是一个慢速絮凝池，其作用是连续不断地使矾花颗粒增大。因此，整个反应池(混合和推流式反应池)可获得大量高密度、均质的矾花，以达到最初设计的要求。沉淀区的速度应比其他系统的速度快得多，以获得高密度矾花。

(2)预沉池——浓缩池。矾花慢速地从一个大的预沉区进入到澄清区，这样可避免损坏矾花或产生漩涡，使大量的悬浮固体颗粒在该区均匀沉积。矾花在澄清池下部汇集成污泥并浓缩。浓缩区分为两层：一层位于排泥斗上部，另一层位于排泥斗下部。上层为再循环污泥的浓缩。污泥在该层的停留时间为数小时。然后排入排泥斗内。排泥斗上部的污泥入口处较大，无需开槽。为了更好地使污泥浓缩，刮泥机配有尖桩围栏。在某些特定情况下(如流速不同或负荷不同等)，可调整再循环区的高度。高度的调整必会影响污泥停留时间及其浓度的变化。部分浓缩污泥自浓缩区用污泥泵排出，循环至反应池入口。下层是产生大量浓缩污泥的地方，浓缩污泥的浓度至少为 20g/L(澄清工艺)。采用污泥泵从预沉池——浓缩池的底部抽出剩余污泥，送至污泥脱水间。

(3)斜管分离区。逆流式斜管沉淀区将剩余的矾花沉淀通过固定在清水收集槽下侧的纵向板进行水力分布。这些板可有效地将斜管分为独立的几组以提高水流均匀分配。不必使用任何优化渠道，使反应沉淀可在最佳状态下完成。澄清水由一个集水槽系统回收。絮凝物堆积在澄清池的下部，形成的污泥也在这部分区域浓缩。通过刮泥机将污泥收集起来，循环至反应池入口处，剩余污泥排放。高效澄清池是集机械混合、絮凝、污泥浓缩、浓缩污泥回流、斜管分离于一体的澄清池，表面负荷高，占地少，池体结构较复杂。

江夏污水处理厂的高效澄清池为矩形钢筋混凝土结构，其数量是 2 座(流量合计15 万 m^3/d)，尺寸是 $L \times B = 40m \times 30m$，$H = 6m$，设计流量为 $Q = 8125m^3/h$，混合反应区停留时间为 6.09～4.55min。

2)纤维转盘滤池

纤维转盘滤池的作用是将加药混合后的二沉池出水进行过滤。其设计水质为进水 SS=20mg/L(最高可承受至 30～50mg/L)，出水 SS≤5mg/L，浊度≤2NTU，实际运行出水更优质，一般出水浊度在 1NTU 左右或更低。纤维转盘滤池一般做成矩形池，每套滤池包括纤维滤盘、清洗装置、排泥装置等。

滤盘数量根据滤池设计流量而定。每片滤盘分成 6 小块。滤盘由防腐性材料组成，滤盘连接件均为 304 不锈钢。每片滤盘外包有高强度纤维滤布，纤维滤布的密实度在 10NTU 以下。滤盘设在中空管上，通过中空管收集滤后水。反冲洗装置由反冲洗水泵、管配件及控制装置组成。排泥装置由集泥井、排泥管、排泥泵及控制装置组成。

污水重力流或压力流进入滤池，滤池中设有挡板消能设施。污水通过滤布过滤，过滤液通过中空管收集，重力流通过溢流槽排出滤池。过滤中部分污泥吸附于纤维滤布外侧，逐渐形成污泥层。随着纤维滤布上污泥的积聚，纤维滤布过滤阻力增加，滤池水位逐渐升高。通过测压装置可监测滤池与出水池之间的水位差。当该水位差到达反冲洗设定值时，PLC 控制器即可起动反冲洗泵，开始反冲洗过程。过滤期间，滤盘处于静态，有利于污泥的池底沉积。反冲洗期间，滤盘以 1rpm 的速度旋转。反冲洗泵利用中空管内的滤后水冲洗滤布，洗除滤布上积聚的污泥颗粒，并排除反冲洗水。纤维转盘滤池设有斗形池底，有利于池底污泥的收集。污泥池底沉积减少了滤布上的污泥量，可延长过滤时间，减少反冲洗水量。经过设定的时间段，PLC 起动排泥泵，通过池底排泥管将污泥回流至污水预处理构筑物。

江夏污水处理厂的纤维转盘滤池的类型是矩形钢筋混凝土池，数量是建筑物 2 座（流量合计 15 万 m^3/d），尺寸为 $L \times B = 21.5m \times 16m$，$H = 6m$。设计流量为 $Q = 8125m^3/h$，正常滤速应小于 15m/h。

点位 8：接触消毒池。

点义：掌握和理解接触消毒池的作用和原理。

内容：江夏污水处理厂接触消毒池的作用是投加次氯酸钠杀灭出厂污水中可能含有的细菌和病菌。其类型是矩形钢筋混凝土池，数量是建筑物 1 座，尺寸是 $L \times B = 47m \times 23m$，$H = 4.5m$，接触时间大于 30min，设计流量为 $Q = 8125m^3/h$。次氯酸钠投加 6～15mg/L、矾投加 10～40mg/L。

江夏污水处理厂使用次氯酸钠对尾水进行消毒处理。次氯酸钠消毒是利用商品次氯酸钠溶液作为消毒剂，其溶解后产生的次氯酸对水中的病原菌具有良好的杀灭效果。对比传统使用的液氯，次氯酸钠对污水进行消毒的效果与液氯的效果相同。综合考虑消毒效果、运行费用等因素，江夏污水处理厂消毒工艺采用液氯或次氯酸钠消毒都是经济可行的。在危险性方面，次氯酸钠比液氯危险性低、对环境危害程度更低；在泄漏应急处理方面次氯酸钠比液氯泄漏隔离范围小、危害轻。

尾水消毒后经过出水泵房排出，其 1 座 5 台泵（四用一备），尺寸为 $L \times B = 23m \times 15m$，$H = 4m$。

点位 9：污泥车间。

点义：掌握和理解污泥车间的作用和原理。

内容：污泥车间主要处理的是来自二沉池的剩余污泥。污泥是污水处理和水体沉积的产物，是一种含水率高（液态污泥含水 97%，脱水污泥含水 70%～80%）、呈黑色或黑褐色的流体状物质。污水处理厂中分离出来的污泥主要由有机物和无机物组成。有机物主要有蛋白质、油脂、粗纤维、腐殖酸等；无机物则有各种金属化合物及无机酸盐。污泥约含 65%的有机物和 35%的无机物；消化污泥则含 55%的有机物和 45%的无机物。污泥的主要特性是有机物含量高，容易腐化发臭，颗粒较细，相对密度较小，含水率高，不易脱水，呈胶状结构的亲水性物质。污泥中往往含有氮、磷等营养元素，同时又含有寄生虫卵、致病微生物、各种重金属离子和有毒有机污染物等。大量的污泥如果没有得到妥善的科学处理处置，不仅会占用大面积的土地，其中的有害成分如重金属、病原物、有机污染物等，常伴有恶臭气体，如将其任意堆放可造成二次污染，还会严重影响环境卫生并危害人类和其他生物的安全。

在江夏污水处理厂中，二次沉淀池产生剩余污泥每日约 67.5t（含水率 60%）。污泥车间是污水处理厂剩余污泥处理、处置的场所。通常，将污水处理厂污泥的稳定和脱水（一般脱水至含水率达 70%～80%）称作污泥的处理，将污泥的堆肥、填埋、干化和加热处理及最终利用称作污泥的处置。国内外污泥处理与处置的方法很多，一般采用浓缩、消化、脱水、干化、有效利用（或为农用）、填埋及焚烧等，或用其中几个方法组合处置。

由于江夏污水处理厂建设项目采用了具有强化除磷的污水处理工艺，为尽量避免剩余污泥中磷的释放，其污泥处理采用重力浓缩、机械脱水方案，上清液进入除磷池，除磷池的作用是将浓缩池上清液中释放的磷通过化学法去除，产生的化学除磷污泥通过污泥泵送至污泥浓缩池进行处理，化学除磷后的上清液返回到污水处理构筑物中。浓缩污泥采用加药、板框压滤的方式进行脱水，使污泥含水率降至60%以下，干污泥进入后续处置流程，滤液回到污水处理厂处理构筑物中进行进一步处理。

江夏污水处理厂的污泥脱水车间1座，面积1386m^2。污泥脱水车间将污泥含水率处理至60%以下，干污泥委托华新环境工程有限公司(大冶工厂)进行综合利用。华新环境工程有限公司大冶工厂水泥窑污泥协同处置含水率60%污泥的能力为400t/d，已经正在处理其他固废280t/d，尚有120t/d的处理能力余量可以处理江夏污水处理厂的剩余污泥。

此外，污泥脱水车间的污泥来自污泥浓缩池。浓缩池通过重力作用将污泥预先脱除一部分污水，以便于后续污泥车间的运行。污泥浓缩池2座(流量合计15万m^3/d)，配除磷池1座，尺寸为$D=24m$，$H=7.2m$。

点位10：光伏发电设施。

点义：掌握污水处理厂的光伏发电设施的建设方法以及其积极意义和不足之处，特别是“双碳”方面的意义。

内容：我国城市污水处理厂平均电耗为0.292kW·h/m^3，若全国污水处理厂按日处理能力16 573万m^3计算，每天用于污水处理的电量会高达4839万kW·h左右，相当于葛洲坝水电站一天的发电量。全年耗电133.18亿kW·h，约占社会总用电量的0.2%。电能耗大、运行费用高，降低了污水处理厂的投资效益，甚至成为部分污水处理厂难以正常运行的瓶颈。

江夏污水处理厂通过应用光伏发电技术实现节能减排。污水处理厂本身是用电大户，同时又兼具有占地面积大、空间开阔的特点，在其上方建设光伏发电项目有着得天独厚的优势。同时，污水处理厂上架光伏，在水池上空安装光伏板，直射水池的太阳光被遮挡，光线弱了，抑制了原本经常要清理的绿藻生长，提高了污水处理效率及水质(图4-21)。例如，江夏污水处理厂2021年1—7月光伏发电占全部用电比例达到17.88%。根据2021年发电量预估，每年可节省电费112万元。以燃烧煤炭的火力发电为参考，计算节电减排效益，江夏污水处理厂光伏发电系统相当于每年种树864棵。

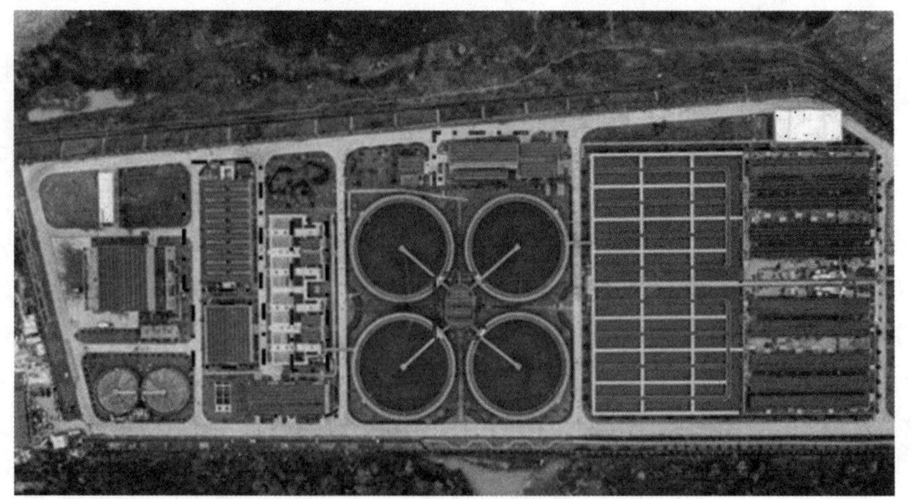

图4-21　江夏污水处理厂加装光伏电板的位置

1)优点

(1)污水处理厂本身就是耗电量大的用户,占地面积大、空间开阔,在其上方建设光伏发电项目顺理成章,有很大的优势。

(2)提高污水处理效率及水质。在水池上空安装光伏板,直射水池的太阳光被遮挡了,光线弱了,抑制了原本经常要清理的绿藻生长。

(3)污水处理厂白天工业电价较高,光伏发电系统在白天运行,能抵消相当大的一部分高价电力费用。

(4)光伏发电为企业带来收入增量,效益良好。

(5)光伏板遮挡雨雪、杂物,降低设备损耗,夏天可遮阴。

(6)污水企业引入风、光、储、充一体,成为绿色零排放企业,生态效益和环保效益明显。

(7)可以实现土地及空间资源的二次开发利用,极大地改善城市面貌,提升城市品质。

2)不足

(1)污水处理厂为连续工作制,而光伏发电系统只能在白天的有效光照时间内工作,夜间不能为水厂设备供电,无法实现全天持续的节能。

(2)容易受气象条件以及季节变化的影响。光伏发电系统的不稳定增加了污水处理厂配供电系统的电源管理难度,对污水处理厂供配电系统的平稳运行构成了一定的压力。

(3)在已建污水处理厂实施光伏发电系统存在基础建设和安装成本高、对建筑器材的防腐蚀要求高、光伏组件质量稳定性要求高等不确定因素,导致投资回收期长等问题。

点位 11:中水回用、污水源热泵设施。

点义:掌握污水处理厂的中水回用、污水源热泵设施的建设方法和工作原理以及其积极意义和不足之处,特别是“双碳”方面的意义。

内容:污水源热泵,顾名思义主要是以城市污水作为提取和储存能量的冷热源,借助热泵机组系统内部制冷剂的物态循环变化,消耗少量的电能,从而达到制冷制暖效果的一种技术。污水源热泵的主要工作原理是借助污水源热泵压缩机系统,消耗少量电能,在冬季把存于水中的低位热能“提取”出来,为用户供热;在夏季则把室内的热量“提取”出来,释放到水中,从而降低室温,达到制冷的效果。污水源热泵能量流动是利用热泵机组所消耗能量(即电能)吸取的全部热能(即电能+吸收的热能)一起排输至高温热源,而其所消耗能量的作用是使介质压缩至高温高压状态,从而达到吸收低温的效果。通过污水源热泵作用,为全厂空调提供服务。对比普通中央空调,这种污水源热泵运行可节省费用约 20%。

点位 12:智慧水务设施。

点义:掌握污水处理厂的智慧水务建设方法和本质内涵。

内容:智慧水务技术理论上可减少污水处理厂 60%的运维人员,甚至在未来实现污水处理设施无人值守。在江夏污水处理厂智慧水务控制中心,电子显示屏可直观呈现污水从流入到处理尾水排出的全过程,仅需 4 名工作人员端坐中控台前,整个污水处理厂运营情况便可了然于胸。

智慧水务中心的“智慧大脑”不仅能给各类预警及异常提供解决方案,而且还能对设备运行提出优化建议方案,并通过远程控制电子阀门等以及时或实时调整运行参数,从而提升其运行稳定性和抗风险能力，且能大幅降低现场运维人员的投入。

例如，针对耗电量极大的曝气工艺流程，传统曝气方式依靠工人读取现场仪表后凭经验手动控制，其操作精度显然极为粗糙。若曝气量不足，会导致工艺运行恶化，出水水质排放超标；若曝气量过多，会导致高能耗，造成运行成本增加。针对这一问题，基于大数据和神经网络算法，江夏污水处理厂建立了“前馈＋模型＋反馈”的多因子智慧曝气控制方式，以精准控制曝气量、提高处理效率，在出水水质优化的前提下又可省电15%，减少碳排放量。

4.1.4 教学方法

污水处理厂工程师和工作人员沿污水处理流程现场讲解，让学生实地在中控室中认知学习，然后在污水处理厂会议室中分组分析和讨论。

野外实习后的总结和思考：掌握江夏污水处理厂全部的污水处理流程、技术原理、处理构筑物，并思考如下问题。

(1)实际污水进水浓度是多少，其偏低的原因和不利影响是什么？

(2)如何理解污水排放标准和地表水质量标准之间的差异性？

(3)污水处理厂应从哪些方面实现“双碳”目标？

(4)污水处理过程中会产生哪些二次污染或新的污染物？

(5)通过自己查找相关资料，分析江夏污水处理厂和武汉市其他污水处理厂在水处理技术、节能减排、污泥处理处置、进出水浓度等方面有何异同？

(6)江夏污水处理厂在光伏发电、中水回用/污水源热泵、智慧水务等方面对比国内外同类型的污水处理厂有何优势或不足？对其他污水处理厂有何借鉴、参考或启发？

4.2 光谷三路人工湿地

4.2.1 基本任务

(1)了解人工湿地技术在水处理中的具体应用。

(2)认识人工湿地的功能与作用、工作原理以及景观设计方法。

(3)观察并了解湿地公园中主要湿地植物种类及特点。

(4)认识湿地公园的景观美化、环境保护、环境科普的社会作用。

4.2.2 出野外前的知识储备

1)人工湿地的概念

湿地，是指具有显著生态功能的自然或者人工的、常年或者季节性积水地带及水域，包括低潮时水深不超过6m的海域，但是水田以及用于养殖的人工的水域和滩涂除外。2021年12月24日第十三届全国人民代表大会常务委员会第三十二次会议通过《中华人民共和国湿地保护法》，该法自2022年6月1日起施行。这是我国首次专门针对湿地保护进行的立法，目的是加强湿地保护，维护湿地生态功能及生物多样性，保障生态安全，促进生态文明建设，实现人与自然和谐共生。

湿地被誉为“地球之肾”，是地球上最重要的生态系统之一，在抵御洪水、调节径流、补充地下水、调节气候、涵养水源、净化水质等方面发挥着重大作用。

人工湿地是利用土壤、人工介质、植物、微生物的物理、化学、生物三重协同作用对污水进行处理的一种技术。基本原理是在人工建造的湿地上种植特定的湿地植物，当污水通过湿地系统时，其中的污染物质和营养物质被吸收或分解，使水质得到净化。自 20 世纪 70 年代德国首次建立人工湿地处理生活有机废水以来，人工湿地已被广泛应用于生活污水、工业废水、矿山及石油开采废水等废水的处理。

人工湿地技术是为处理污水而人为地在有一定长宽比和底面坡度的洼地上用土壤和填料（如砾石等）混合组成填料床，使污水在床体的填料缝隙中流动或在床体表面流动，并在床体表面种植具有性能好、成活率高、抗水性强、生长周期长、美观及具有经济价值的水生植物（如芦苇、蒲草等），形成一个独特的动植物生态体系（图 4-22）。

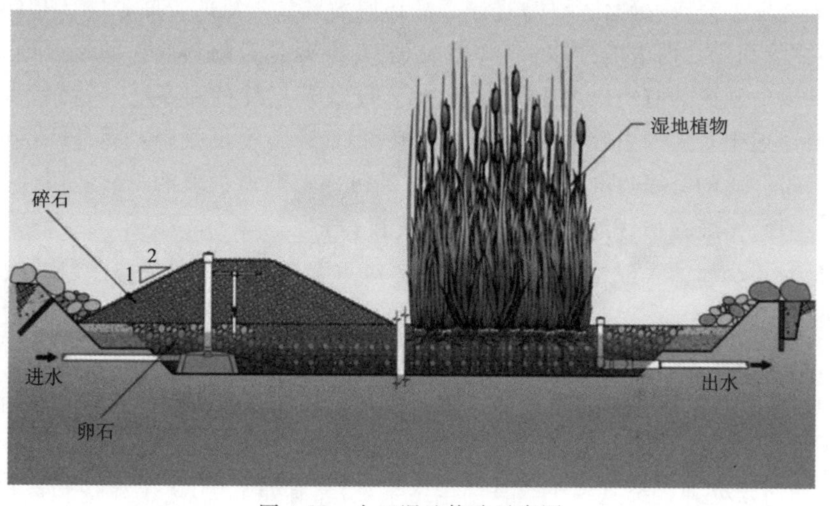

图 4-22　人工湿地构造示意图

2）人工湿地净化污水的基本原理和特点

人工湿地由填料、植物、微生物、藻类等几种基本成分构成，具有独特而复杂的净化机理，利用基质-微生物-植物复合生态系统的物理、化学和生物的三重协调作用，通过过滤、吸附、沉淀、离子交换、植物吸收和微生物分解来实现对废水的高效净化。同时，通过营养物质和水分的生物地球化学循环，促进绿色植物生长并使其增产，实现废水的资源化和无害化。

人工湿地系统是在一定长宽比及底面有坡度的洼地中，由土壤和填料混合组成填料床，污水可以在床体的填料缝隙中曲折地流动，或者在床体表面流动。在床体的表面种植具有处理性能好、成活率高的水生植物，形成一个独特的动植物生态环境，来对污水进行处理。人工湿地可以促进污水的循环和再生，使污水中所含污染物质以作物生产的形式再利用或者去除。污水中大部分有机物作为异养微生物的有机养分，最终被转化为微生物体及 CO_2、H_2O。污水中不溶性有机物通过湿地的沉淀、过滤作用，可以很快地被截留，从而被微生物利用；污水可溶性的有机物则可通过植物根系生物膜的吸附、吸收及生物代谢降解过程而被分解去除。随着处理过程的不断进行，湿地床中的微生物也繁殖生长，通过对湿地床填料的定期更换及对湿地植物的收割而将新生的有机体从系统中去除。

(1)悬浮固体物质在湿地中去除的基本机理为絮凝和胶体颗粒的沉淀。在潜流湿地中，相对低速的水流和大的接触表面使得系统中的悬浮物去除效率相对较高，大量植物根系和饱和状态的基质使固体悬浮物被根系以及填料阻挡截留。

(2)湿地对有机物的去除主要是靠微生物的作用。土壤具有巨大的比表面积，在土壤颗粒表面形成一层生物膜，污水流经颗粒表面时，不溶性的有机物通过沉淀过滤吸附作用很快被截留，然后被微小生物利用；可溶性有机物通过生物膜的吸附和微生物的代谢被去除。植物、水流向土壤中传输氧气，使湿地中的溶解氧呈区域变化，出现好氧区、缺氧区及厌氧区。好氧菌通过代谢将有机物分解为二氧化碳和水；厌氧菌发酵将有机物分解为二氧化碳和甲烷。大部分有机物被异养微生物转化为微生物体、二氧化碳、甲烷和水、无机氮、无机磷。

(3)氮的去除通过好氧和厌氧反应完成。硝化反应是在好氧环境下完成，将氨氮氧化为硝态氮，缺氧环境下完成反硝化反应，将硝态氮还原为氮气。氮的去除依赖于植物的吸收，所以在植物的枯萎和死亡期去除率较低，脱氮过程中，碳源是影响其效果的重要因素。在潜流湿地中，植物供给脱氮的有机碳要根据污水中 COD 和 N 的比值和系统中 N 的形态而定。

(4)潜流湿地中对磷的去除主要是从腐烂植物、聚磷菌中摄取磷。另外一些腐烂的植物组织，表面附带介质的金属也会通过沉淀、交换等机理短期地去除磷。磷的吸收与大多营养物质的吸收一样，主要在植物的生长期——夏天和春天。

(5)湿地对重金属的去除主要是土壤或填料对重金属的吸附和反应，吸附有离子交换吸附和专性吸附。污水中重金属离子浓度一般很低，不能与土壤中无机阴离子形成金属沉淀，与土壤中有机质络合，增强重金属对土壤的亲和性。土壤中微生物通过胞外络合作用、胞外沉淀作用固定重金属。此外溶解性的重金属可以被植物吸收在植物中积累，通过植物的收割从湿地中去除。不溶性的重金属可以被介质的过滤作用截留。

人工湿地污水处理系统是一个综合的生态系统，具有如下优点：①建造和运行费用便宜；②易于维护，技术含量低；③可进行有效可靠的废水处理；④可缓冲对水力和污染负荷的冲击；⑤可产生和间接产生一定的经济与社会效益，如水产、畜产、造纸原料、建材、绿化、野生动物栖息、娱乐和教育。

人工湿地污水处理系统也有一些不足：①占地面积大；②易受病虫害影响；③生物和水力复杂性加大了对其处理机制、工艺动力学和影响因素的认识理解，设计运行参数不精确，因此常由于设计不当，出水达不到设计要求或不能达标排放，有的人工湿地反而成了污染源。据已有数据，当上下表面植物密度增大时，人工湿地系统处理效率提高，在达到其最优效率时，需 2～3 个生长周期，所以需建成几年后才达到完全稳定的运行。因此，目前人工湿地技术最大问题在于缺乏长期运行系统的详细资料。

3)人工湿地的类型

人工湿地污水处理具有因地制宜，出水水质好、抗冲击力强，建造和运行费用低，维护方便，氨氮去除率高，同时可使污水处理与环境生态建设有机结合等优点，能够有效减少农村分散式面源污染对流域水环境造成的破坏，在解决污水处理问题上应得到更多的推广。

人工湿地按照进出水布水的方式的不同，一般分为表流人工湿地和潜流人工湿地。

(1)表流人工湿地。表流人工湿地水面位于填料表面以上，即水流在湿地表面呈推流式前进，从人工湿地进水端水平流向出水端。污水在土的上层流动，水面与空气直接接触，有利于废水的自然复氧。在流动过程中，与土壤、植物及植物根部的生物膜接触，通过物理、化学以及生物反应，污水得到净化，并在终端流出。表流人工湿地中废水在填料表面漫流，绝大部分有机物的降解由位于浸没在废水中的植物茎基部的生物膜中的微生物完成；但表流人工湿地不能充分利用填料及植物根系的作用，水力负荷较低、占地面积大，且夏季容易滋生蚊蝇。

研究表明，这种类型的人工湿地比较适合处理污染物浓度不太高的污水。表流人工湿地对各类污染物的去除率都较好，效果比较稳定。此外，污水中的营养元素以及被分解的有机污染物为植物和微生物的生长提供了营养物质，增加了物种的丰富度。表流人工湿地的设计简单，所需投资少，运行过程的成本低；但负荷低，去污能力也有限。受自然气候条件的影响大，占地面积大，污水直接暴露地表会产生臭味，影响景观。

表流人工湿地与地表漫流土地处理系统非常相似，不同的是：在表流人工湿地系统中，四周筑有一定高度的围墙，维持一定的水层厚度(一般为 10～50cm)，且湿地中种植挺水型植物(如芦苇等)。

(2)潜流人工湿地。潜流人工湿地是指污水在湿地床的内部流动。水面位于湿地填料层以下，污水在填料床中沿水平方向缓慢流动，通过填料表面生长的生物膜，丰富的植物根系及填料截留等的作用对污染物进行去除。由于水流在地表下流动，污水均匀进入填料床底部，在湿地内部进行反应，反应过后的出水经过出水管排出。所以潜流人工湿地系统可以充分利用到植物根系以及富集在基质表面的生物膜。

潜流人工湿地保温性较好，受气候影响较小，卫生条件好，是目前研究及应用最为广泛的湿地流态。根据水流向的不同，潜流人工湿地又分为两种：水平潜流人工湿地和垂直潜流人工湿地。

a. 水平潜流人工湿地

水平潜流人工湿地的水面位于填料表面以下，水流呈水平式前进，从人工湿地进水端水平流向出水端。污水由进水口一端沿水平方向流动的过程中依次通过砂石、介质、植物根系，流向出水口一端，以达到净化目的(图 4-23)。

b. 垂直潜流人工湿地

垂直潜流人工湿地的水面位于填料表面以下，水流呈垂直式前进，污水垂直通过湿地中基质层的人工湿地。垂直潜流人工湿地系统的水在填料床间基本呈从上到下的垂直流动方式，水流流过填料后均匀分布在出水端底部，水流流经床体后被铺设在出水端底部的集水管收集而排出。在垂直潜流人工湿地系统中，污水由表面纵向流至床底，在纵向流的过程中污水依次经过不同的介质层，达到净化的目的。垂直潜流人工湿地具有完整的布水系统和集水系统。整个系统可以完全建在地下，地上可以建成绿地和配合景观规划使用，对 COD、TN 的去除率比水平潜流人工湿地要高(图 4-24)。

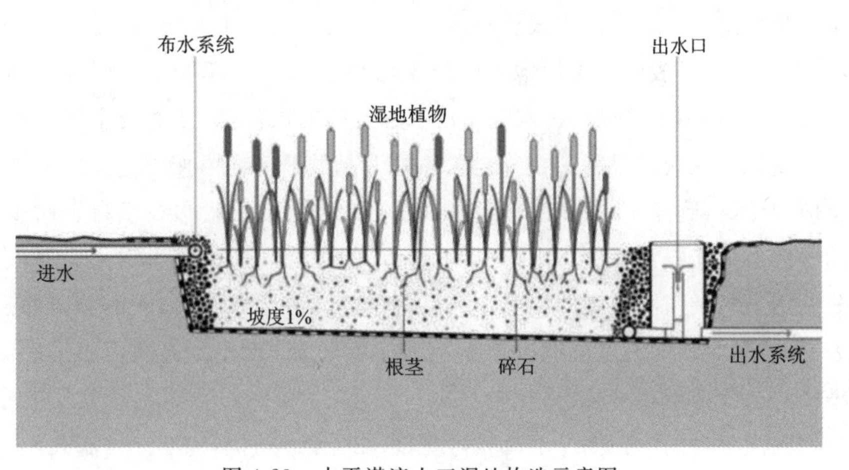

图 4-23　水平潜流人工湿地构造示意图

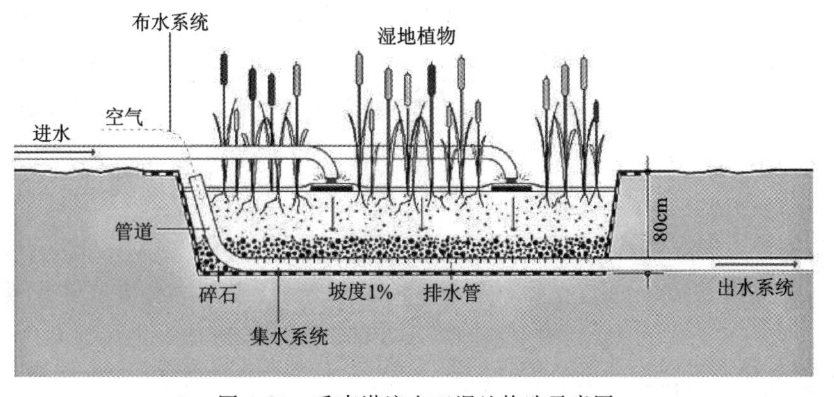

图 4-24　垂直潜流人工湿地构造示意图

与水平潜流人工湿地相比，该类型湿地增大了污水与空气接触面积，有利于氧的传输，提高了处理效果，占地面积较其他形式湿地小，单位面积处理效率高。但系统控制复杂，落干/淹水时间长，夏季易滋生蚊蝇。垂直潜流人工湿地去除有机物的能力不强，且设备要求高，运行流程复杂。总的来说，垂直潜流人工湿地受气候影响比较小，建造的成本较高，基质也很容易堵塞，从而造成表面上水流停滞，对系统的长期运行并不利。

4）人工湿地中主要植物类型

人工湿地根据湿地中主要植物形式可分为：①浮游植物系统；②挺水植物系统；③沉水植物系统。其中浮游植物系统主要用于N、P去除和提高传统稳定塘效率。目前一般所指人工湿地系统都是指挺水植物系统。沉水植物系统还处于实验室研究阶段，主要应用领域在初级处理和二级处理后的精处理。

生长在水中的植物统称为水生植物。水生植物根据所生长环境内水的深浅不同，可以划分为浮水植物、挺水植物和沉水植物。

（1）浮水植物（floating aquatic plants）：叶片漂浮在水面的植物称为浮水植物，如凤眼莲（*Eichhornia crassipes*（Mart.）*Solms*）、欧菱（*Trapa natans* L.）等。还可以把浮水植物划分为完全漂浮的和扎根的两类：①前者是根不着生在沙泥中，完全漂浮的种类，如槐叶萍属

(*Salvinia*)、浮萍属(*Lemna*)、凤眼莲、无根萍(*Wolffia globosa* (Roxb.) Hartog & Plas)等；②后者是根着生在河泥中，仅叶漂浮在水面的种类，如睡莲属(*Nymphaea*)、萍蓬草属(*Nuphar*)、莼菜属(*Brasenia*)、眼子菜属(*Potamogeton*)等的某些种类。浮水植物的气孔通常长在叶的上表皮，叶上表皮有蜡质；栅栏组织比较发达，但厚度仍小于海绵组织；维管束和机械组织不发达，但比沉水植物完善，有完善的通气组织。

(2) 挺水植物(emerged aquatic plants)：植物的根、根茎生长在水的底泥之中，茎、叶大部分挺伸在水面以上的植物。挺水植物常分布于 0～1.5m 的浅水处，其中有的种类生长于潮湿的岸边。这类植物生长在空气中的部分具有陆生植物的特征，生长在水中的部分具有水生植物的特征。挺水植物常见的有芦苇(*Phragmites australis* (Cav.) Trin. ex Steud.)、菖蒲(*Acorus calamus* L.)、荸荠(*Eleocharis dulcis* (Burm. f.) Trin. ex Hensch.)、莲(*Nelumbo nucifera Gaertn.*)、水芹(*Oenanthe javanica* (Blume) DC.)、香蒲(*Typha orientalis* C. Presl)等。挺水植物在外部形态上很像中生植物，但由于根部长期生活在水中，所以有非常发达的通气组织。

(3) 沉水植物(submerged aquatic plants)：整个植物体都沉没在水下，与大气完全隔绝的植物，如金鱼藻(*Myriophyllum spicatum* L.)、苦草(*Vallisneria natans* (Lour.) H. Hara)等。沉水植物是典型的水生植物，表皮细胞没有角质层和蜡质层，能直接吸收水分、矿质营养和水中的气体，这些表皮细胞逐步取代根的机能，因此根逐步退化甚至消失，如狸藻、金鱼藻等。由于长期适应弱光，沉水植物叶内的叶绿体既大又多，栅栏组织极度退化，皮层很发达而中柱很小，且因适应水中氧的缺乏而形成了一整套的通气组织。

4.2.3　野外具体观察和描述内容

1)光谷三路湿地公园的建设背景

在城市扩张过程中需特别处理好开发与保护的关系，要保护城市生态环境，最行之有效的办法就是划定红线，建设城市公园。公园是水泥钢筋筑造起来的城市中为数不多的生态之地，是人们紧张生活和工作之余休闲悦心的去处。因此在楼群林立、商场聚集、人流熙攘的繁华闹市，建造一处供人调节身心的生态景观场所有着重要的意义。

光谷三路湿地公园工程由东湖高新区光谷建设公司联合武汉市政工程设计研究院设计、施工建设，于 2012 年 7 月开工，2014 年 12 月竣工并投入试运行与使用。该工程是王家店污水处理厂的配套污水处理系统，对排入东湖九峰明渠的处理厂尾水进行深度处理，使其达到国家规定排放标准，同时满足武汉市水环境保护的需要。武汉市素有“百湖之市”之称，水环境的保护是维护区域生态平衡的重要内容(图 4-25)。

湿地公园污水处理工程的实施能有效地截流处理东湖科技新城东扩区的污水，可有效保护东湖水体，使区域生态环境将得到有效保护。环境面貌的改善必然提升该地区开发建设的价值，促进整个地区经济发展，社会环境效益不可估量。光谷三路湿地公园也是武汉市“大东湖连通工程”与“清水入湖”截污工程重要组成项目，其目的在于提升王家店污水处理厂尾水水质，增加九峰明渠景观生态等环境要素，集湿地水质净化、渠道生态保护与修复、城市休闲娱乐公园等功能于一体(图 4-26)。

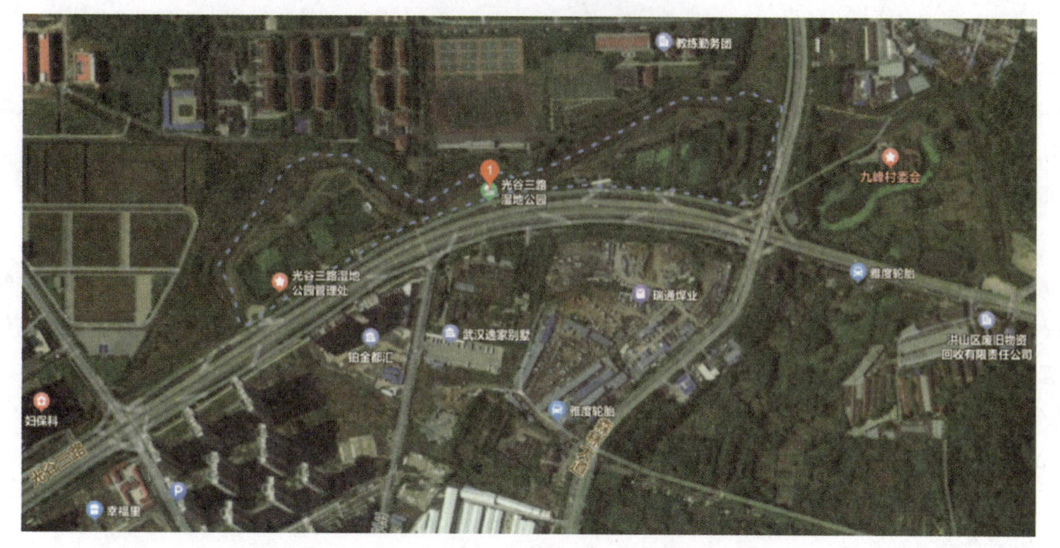

图 4-25　光谷三路湿地公园地理位置图

图 4-26　光谷三路湿地公园

2)光谷三路湿地公园的总体设计

光谷三路湿地公园位于武汉科技新城北侧，东临光谷三路，北接森林大道，九峰明渠穿越该区域经九峰国家森林公园汇入东湖，公园总用地面积约16.6hm^2。工程服务范围主要为东湖科技新城新拓展区域(东扩区域)，整个区域山水相依，与周边的自然山水融为一体，具有优良的自然生态景观肌理。

作为王家店污水处理厂的配套污水处理系统，进水主要来源于王家店污水处理厂的出水。该厂采用 A^2/O 生物池技术，城市污水经由厂内进水泵房前的粗格栅除渣和水泵提升、细格栅除渣、沉砂池沉砂，以保证后续处理构筑物的正常运行。污水经厌氧池、缺氧池再进入好氧池，污水经微生物吸附、分解、氧化等降低有机物和氮磷，再经二沉池沉淀和上清液排放。上清液通过混凝沉淀进一步清除二级生化处理系统未能除去的胶体物质和有机污染物，出水指标浓度满足《城镇污水处理厂污染物排放标准》一级 A 标准。

结合王家店污水处理厂拟采用污水处理工艺的特点，采用低投资、低能耗的人工湿地对污水处理厂尾水进行进一步深度处理，使水质指标达到相应排放标准。为了满足周围地块的开发与建设需求、人文活动要求，按照规划将此处作为公园用地，同步实施穿过湿地公园的九峰渠建设，使得工程达到完整统一、经济节能、保护环境的目的，为该区开发建设发展提供优质的外部环境。

结合周边规划用地性质及公园人工湿地污水处理功能的要求，将该湿地公园划分为五大主题功能区，分别为出水景区、湿地观赏区、综合服务管理区、湿地游憩区和绿化防护观赏区（图 4-27）。

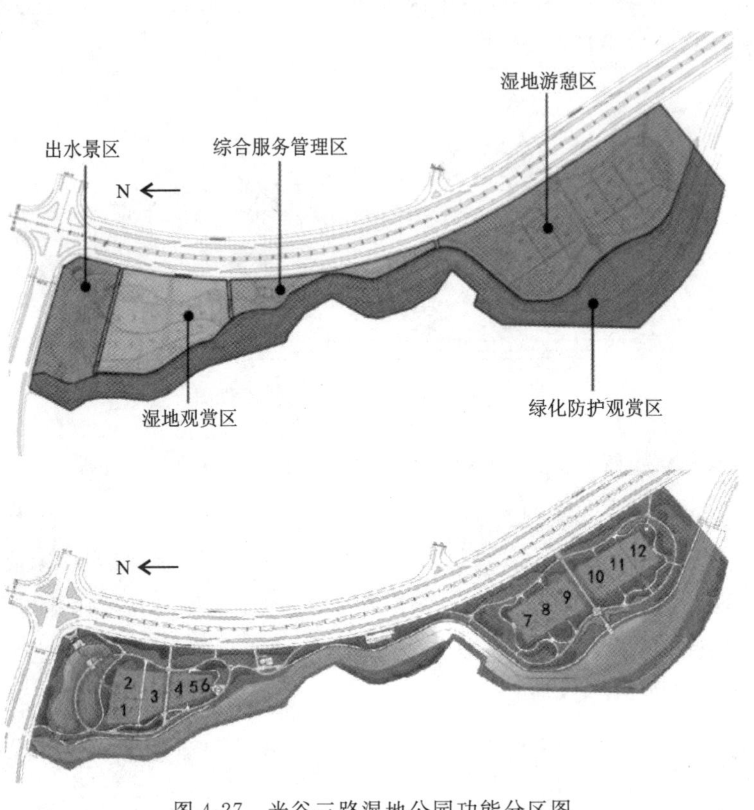

图 4-27　光谷三路湿地公园功能分区图

出水景区：该区是湿地处理效果的监测和观赏区域。利用该区得天独厚的水质资源打造极富乐趣的动态水景。大面积草坪及水面使其成为以休闲、饮茶评书、花鸟鉴赏等休闲文化活动为主的开放空间。

湿地观赏区：改变人工湿地单纯用于污水处理的设计形式，设计中兼顾景观效果。该区以湿地栈桥为景观轴，搭配园建设施，营造形式多样的滨水空间，丰富湿地景观的观赏视角。

综合服务管理区：该区充分利用交通特点和管理优势，既为公园景区的日常运行服务，又便于向源头污水厂及时反馈水质监测结果，是保障整个园区正常运行的神经中枢。

湿地游憩区：湿地游憩区是主要的人工湿地集中区，通过增设湿地花廊、休憩廊架和水生植物园等游憩景点，为周边居民和游客提供怡人的亲水休闲场所。

绿化防护观赏区：绿化防护观赏区由渠道改线拓宽而成，以乔灌木丛林为主，除了能起到防护作用外还是湿地片区的背景林，丰富整个片区的竖向绿化层次。

3)光谷三路人工湿地的技术方案设计

(1)湿地的选型及其工艺流程。挺水植物系统根据废水流经方式，可以分为表流人工湿地、潜流人工湿地、单一垂直流人工湿地和复合垂直流人工湿地。复合垂直流人工湿地相较其他 3 种形式湿地系统净化功能强、适用范围广、常年运行稳定、建设运行费用低。因此，根据人工湿地的现状地形，湿地处理单元采用并联的数组复合垂直流人工湿地。

根据来水水质、水力负荷、出水水质要求等确定湿地系统的土地面积，同时结合经验数据可进行湿地水力计算。在本工程中，根据湿地进出水水质要求以及日处理污水量，可以计算出合理的湿地面积，开展设计(图 4-28)。

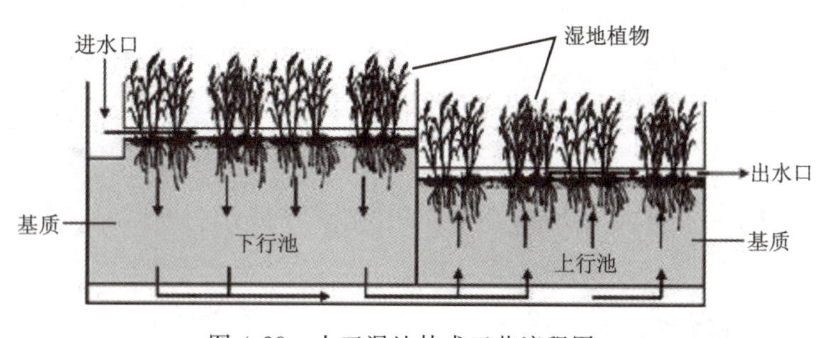

图 4-28 人工湿地技术工艺流程图

(2)人工湿地平面布置。人工湿地总体上由南、北两区共 12 个并联单元构成，其中南区占地面积 13 235m^2，北区占地面积 9741m^2；处理规模平均为 6000m^3/d，旱季处理规模为 2000m^3/d，最大规模为 20 000m^3/d。人工湿地的来水为光谷三路西侧王家店污水处理厂尾水，综合考虑地面标高、布水管最短及减少交叉等因素，确定从湿地东北侧进水，经各单元处理后，出水在西南侧收集，然后排入连通东湖的九峰明渠。布水干管、收集总管以及排空总管沿各单元之间的道路布设(图 4-29)。

图 4-29 光谷三路人工湿地

(3)人工湿地植物种类观察。人工湿地植物选择的一般原则：①适合本地生长，多年生植物(适应当地气候，不需每年种植)；②对污水有耐性(氨氮耐污、生命周期长)；③净化能力强(根系发达、生物量大)；④价值性和景观性(提供或间接提供效益：栖息地、绿化、景观、水产、畜产)。配置应以深根系植物与浅根系植物搭配、丛生型植物与散生型植物搭配、吸收氮多的植物与吸收磷多的植物搭配、常绿植物与季节性植物搭配。

光谷三路湿地公园植物选择如图 4-30 所示。

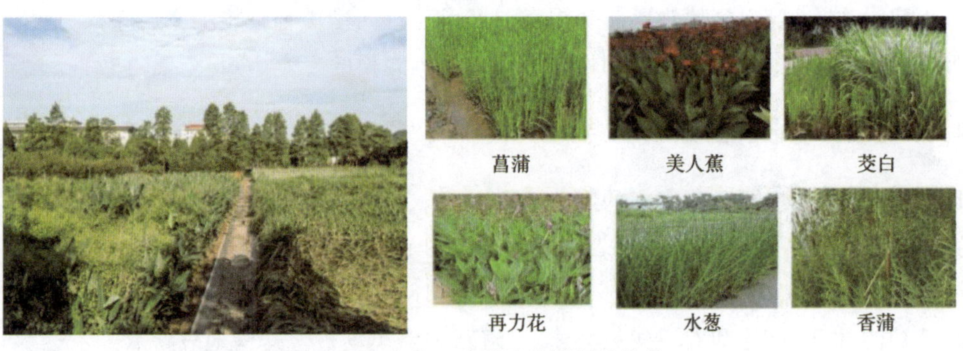

图 4-30　光谷三路湿地公园湿地植物

不同进水水质及植物配置如下：①当进水氮含量高于 0.5mg/L 时，应选择以生长迅速、对氮的需求量较高的水芹、浮萍等漂浮植物进行配置；②当进水磷含量高于 0.2mg/L 时，应选择以具有发达地下块根或块茎，对磷元素的需求比较多的睡莲、荷花、菱角、马蹄莲等进行配置；③当进水氮含量高于 1.0mg/L、磷含量高于 0.2mg/L 时，应选择根系发达，生长量大，营养生长与生殖并存的芦苇、美人蕉、鸢尾、香蒲、水葱等进行配置；④当进水氮含量低于 0.5mg/L、磷含量低于 0.5mg/L 时，应选择金鱼藻等沉水植物。一般布置在人工湿地的出水端，以提高出水水质。

野外植物观察的内容有根、茎、叶形态和各种习性特点，其中以根、茎、叶特点作为观察重点：①根，根的长短及其有无，根是否有特殊结构等；②茎，茎的质地、粗细、节间长短、分枝多少、茎表颜色等；③叶，叶的形状、大小、质地，厚薄，叶色深浅，叶片上角质层、蜡质、绒毛的有无，叶片、叶柄上是否有附属结构，叶是否退化甚至消失等。

4.2.4　教学方法

实习采用了实地考察、资料介绍及邀请湿地公园工作人员进行讲解的教学方式，帮助学生了解认识湿地公园的设计理念和工艺技术。

4.2.5　野外实习后的总结和思考

(1)观察湿地公园的设计并绘制南区或北区的平面布设示意图。

(2)人工湿地可以去除哪些污染物？去除机理是什么？

(3)园区内人工湿地上行流和下行流植物分布是否不同？为什么？

(4)人工湿地运行和管理维护过程中存在的问题是什么？

4.3 青山海绵城市建设

4.3.1 基本任务

通过参观武钢海绵城市建设项目，了解海绵城市建设的背景和未来发展趋势，熟悉武汉海绵城市建设实施概况，实地观察与认识海绵城市建设典型工程措施的实施布局、适用范围、结构和功能，增加对城市雨洪管理和面源污染防治等方面的专业认知。

4.3.2 出野外前的知识储备

1)城市化对水文、环境与生态的影响

城市化对自然环境的影响首先表现为建设用地的扩张与蔓延。从1996年到2013年武汉市城市建设用地从200km^{2}增加到500km^2，至2018年达到700km^2。城市建设用地的扩张，将自然植被的林地、草地和农田建设为建筑、道路和停车场等。这些地表特点是不透水，降雨后雨水不能入渗地下。因此城市化对水文过程的影响主要表现为以下3个方面：植被减少，植物对降雨截流减少，降雨蒸/散发减少；降雨入渗土壤减少，地表径流显著增加；地下水补给减少，河流基流减少(图4-31)。

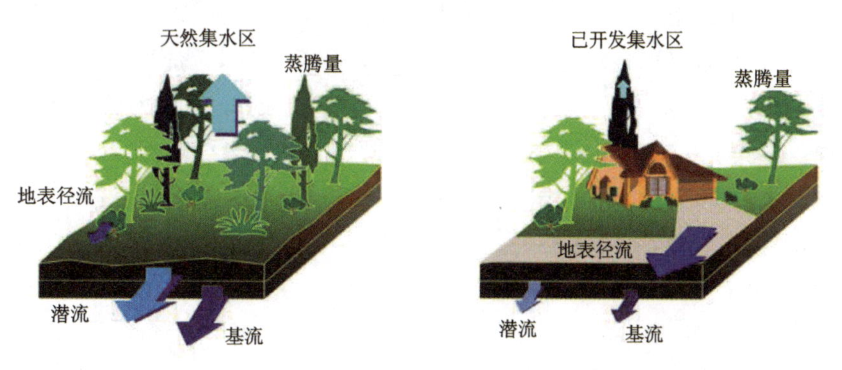

图4-31　城市化土地利用变化对水文过程的影响

如图4-31所示，在自然土地覆盖下，40%的降雨通过植物截流、蒸/散发返回到大气中，50%的降雨入渗土壤或下渗补给地下水，只有10%的降雨形成地表径流。当不透水地表比例增加，蒸散发、降雨入渗减少，地表径流明显增加。在高度城市化区域，当不透水地表的比例为75%时，30%的降雨通过植物截流、蒸散发返回到大气中，仅有15%的降雨入渗土壤，而55%的降雨形成地表径流。城市化显著增加了地表径流，这就是城市内涝、洪水发生的直接原因。

城市化除了对水文过程、河流地貌生境的影响之外，对流域营养物质的输出也产生了明显的影响。城市降雨径流淋洗、冲刷不透水地表，携带氮、磷、重金属、泥沙以及其他石油类污染物，汇集于雨水口，经排水管网传输，排入水体。这一结果增加了水体氮、磷等营养物质的浓度，是导致水体污染与富营养化的重要原因。武汉市某雨、污合流集水区典型降雨地表径流污染过程，降雨历时 3h，降雨量 35mm，地表径流产、汇流过程 6h，污染物 TSS、COD、TN 和 TP 排入受纳水体（湖泊或河流），增加了降雨后水体 TN、TP 浓度（图 4-32）。

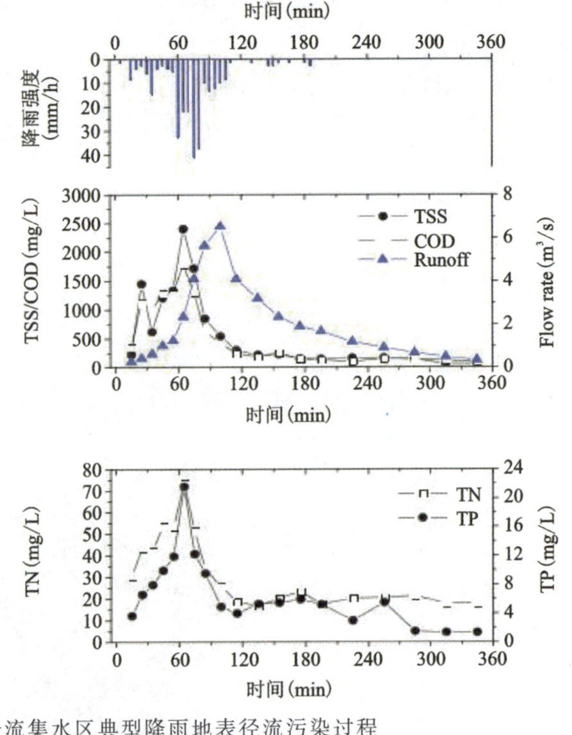

图 4-32　武汉市某雨、污合流集水区典型降雨地表径流污染过程

城市化改变了城市水文循环，影响河流水量和水质，同时使水生态系统遭到破坏。随着城市开发，河道洪峰频率和流量增加，河道下切和侧蚀增强，破坏河床、河漫滩结构，破坏生境，水生生物多样性降低，水生态受损。此外城市河流截弯取直、渠道化和驳岸硬质化，阻断了河流与周边土地之间自然的水文和生物过程，严重影响水生生态系统健康（图 4-33）。

图 4-33　城市化后河流河床、河漫滩破坏与渠道化和驳岸硬质化

2)海绵城市基本概念与原理

为了应对城市化对水文、环境和生态的影响，中国提出了海绵城市建设理念。2013 年 12 月习近平总书记在中央城镇化工作会议的讲话中强调，提升城市排水系统时要优先考虑把有限的雨水留下来，优先考虑更多利用自然力量排水，建设自然积存、自然渗透、自然净化的海绵城市。

海绵城市，是新一代城市雨洪管理概念，指城市能够像海绵一样，下雨时吸水、蓄水、渗水、净水，需要时将蓄存的水“释放”出来并加以利用，从而在适应环境变化、应对自然灾害时具有良好的“弹性”(图 4-34)。

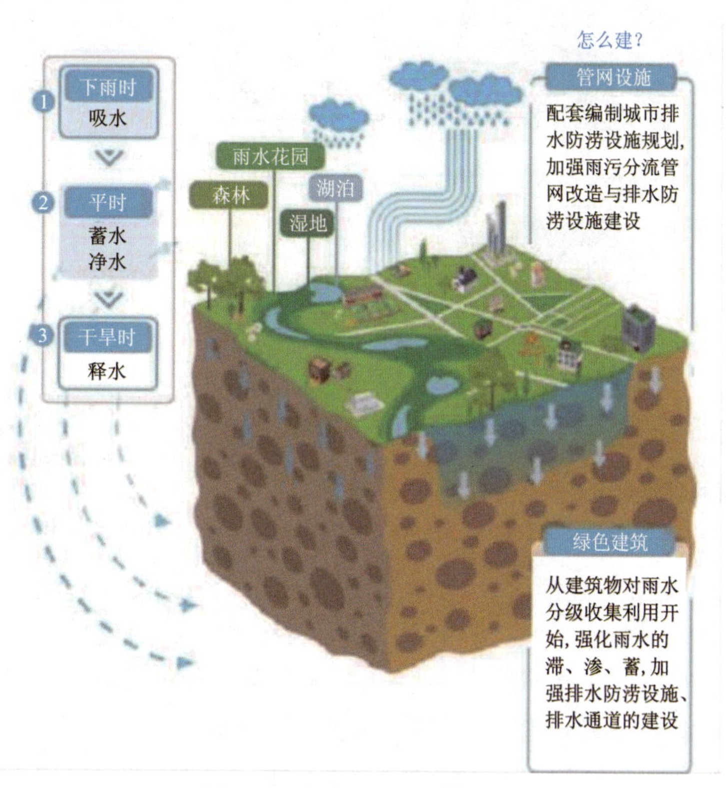

图 4-34　海绵城市建设示意图

海绵城市建设是落实生态文明建设的重要举措，是修复城市水生态、改善城市水环境、提高城市水安全的重要途径。践行海绵城市理念，推动绿色发展，促进人与自然和谐共生。

为减轻城市地表径流对环境与水生态的影响，多个国家在城市地表径流控制理论和技术等方面进行了积极的探索。美国自 20 世纪 70 年代以来陆续提出城市雨洪管理相关的理念和技术措施，包括最佳管理措施(best management practices，BMPs)、低影响开发措施(low impact development，LID)、绿色雨水基础设施(green stormwater infrastructure，GSI)；英国推行可持续城市排水系统模式(sustainable urban drainage systems，SUDS)；澳大利亚提倡水敏感城市设计模式(water sensitive urban design，WSUD)；新西兰制定低影响城市设计和开发策略(low impact urban design and development，LIUDD)等。中国提出的海绵城市建设，以 LID 雨水系统为基础，在控制城市雨洪技术和方案方面更为集成与广泛，强调在城市开发建设过程中采用源头削减、中途转输、末端调蓄等多种手段，通过渗、滞、蓄、净、用、排等多种技术，实现城市良性水文循环，提高对径流雨水的渗透、调蓄、净化、利用和排放能力。

3)典型海绵工程措施

海绵工程措施按照主要功能一般分为渗透、滞留、储存、调节、传输、截污净化等几类。典型海绵工程措施包括生物滞留/雨水花园、植草沟、滞留塘(人工湿地)、透水铺装、绿色屋顶等(图 4-35)。每一种工程措施都具有渗透、滞留、蓄集、净化等一种或多种功能的复合。通过各类技术措施的组合应用，可以实现城市地表径流水量、峰值流量、径流污染控制和资源化利用等目标。城市地表径流污染控制与管理中，应结合实施区域水文地质、降雨、不透水地表分布、景观等特点，因地制宜选择海绵工程措施及组合系统。

图 4-35　城市雨洪控制管理典型海绵工程措施

(1)生物滞留/雨水花园。生物滞留设施是通过植被-土壤-过滤介质来收集、入渗、蒸腾和净化不透水地表径流的设施。生物滞留设施形式多样、易与景观结合、适合区域广，适合建于建筑、道路、停车场的周边绿地等城市绿地内。

(2)植草沟。植草沟指种有植被的地表浅沟，建于建筑、道路、停车周边，收集、输送和排放地表径流，并具有一定的入渗和净化作用，也可用于衔接其他单项海绵工程设施。

(3)滞留塘(人工湿地)。滞留塘在我国农村或国外已经应用多年。滞留塘在国外城市雨洪管理中最初以调控水量为主，分为暂时对城市地表径流滞留塘(detention ponds)或洼地和对部分径流永久滞留塘(retention ponds)和浅水植物塘或湿地(constructed wetlands)。滞留塘在降雨径流发生期间暂时储存地表径流，是对峰值流量的调控，通常在24h内排空。滞留塘通过永久蓄集部分地表径流，是具有调蓄、净化功能和景观价值的水体。另外人工湿地具有调蓄地表径流、处理径流污染、提供栖息地和娱乐景观等功能的浅水植物塘，通过植物蒸腾和生物过程减少地表径流水量和改善水质。

(4)透水铺装。透水铺装按照面层材料不同可分为透水砖、透水混凝土和透水沥青，植草砖和结构缝透水砖也属于渗透铺装。透水砖和透水混凝土主要用于广场、停车场、人行道，透水沥青混凝土可用于机动车道。透水铺装实施的关键是对透水基础的建设，应具有蓄水、渗透和排水设计。

(5)绿色屋顶。绿色屋顶泛指种植屋面、屋顶绿化，可以是单一植物种植，也可以是多种植物组合种植花园。绿色屋顶通常采用轻质土或基质，深度15cm。绿色屋顶在国内外得到广泛应用。

4.3.3 野外具体观察和描述内容

点位1：武汉武钢海绵城市建设项目展板处和展厅。

点义：了解武汉海绵城市建设实施的背景、过程和工程概况。

内容：武汉海绵城市建设实施的背景、过程和工程概况。

针对我国城镇化发展过程中出现的水问题，结合国情、因地制宜，我国构建了海绵城市建设理念，并开展了一系列实践。2015年选择武汉、厦门、济南等16个城市[还有迁安、白城、镇江、嘉兴、池州、萍乡、鹤壁、常德、南宁、重庆、遂宁以及贵安新区(贵州)和西咸新区(陕西)]开展海绵城市建设试点。城市新老城区统筹推进海绵城市建设，努力消除城市雨洪与水污染问题。海绵城市建设是将传统的灰色理念转变成灰绿结合、蓝绿交融的理念，将城市雨水快速排放，转变成了雨水下渗、滞留蓄集、净化利用，将末端治理转变成了“源头减排、过程控制与系统治理”。

理想状态下，径流总量控制目标应以开发建设后径流排放量接近开发建设前自然地貌时的径流排放量为标准。自然地貌往往按照绿地考虑，一般情况下，绿地的年径流总量外排率为15%～20%(相当于年雨量径流系数为0.15～0.20)。因此，借鉴发达国家实践经验，年径流总量控制率最佳为80%～85%。这一目标主要通过控制频率较高的中、小降雨事件来实现。作为全国首批海绵城市建设的试点之一，武汉市于 2016 年打造了青山（老城区，年径流量控制率为 70%）、汉阳四新（新城区，年径流量控制率为 80%）两大海绵城市示范区，共 38.5km^2。

武汉武钢海绵城市建设项目包括 2 个汇水片区：建设五路汇水片区（中心片）和南干渠-荆州街汇水片区（南干渠片），项目涵盖小区公建、道路、公园绿地、管渠、水系五大类（图 4-36）。采取的措施主要包括生物滞留、雨水花园、绿地、透水铺装以及植草沟和雨水滞留塘等。

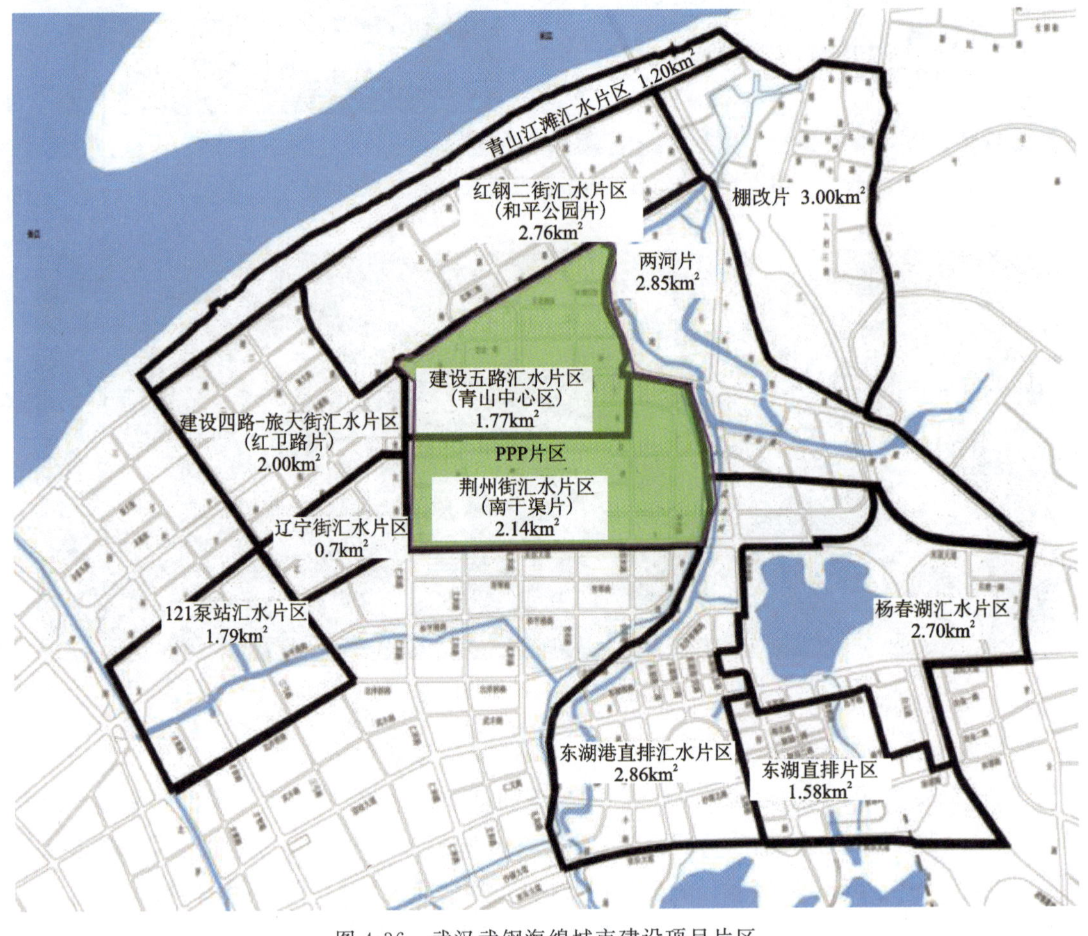

图 4-36　武汉武钢海绵城市建设项目片区

通过观看海绵城市建设三维示意图和 3D 沙盘模型，如图 4-37 和图 4-38 所示，进一步了解海绵城市建设原理与工程措施结构和功能；认识海绵工程实施中新工艺和新材料，了解应用基础科研与工程实施的关系。

点位 2：青山区荆州街、鄂州街和随州街海绵工程措施。

点义：观测与认识城市道路绿化带海绵改造工程实施。

内容：青山区荆州街、鄂州街和随州街实施海绵城市建设，通过对现有绿地或绿化隔离带改造，建设生物滞留设施，收集和处理道路不透水地表径流。

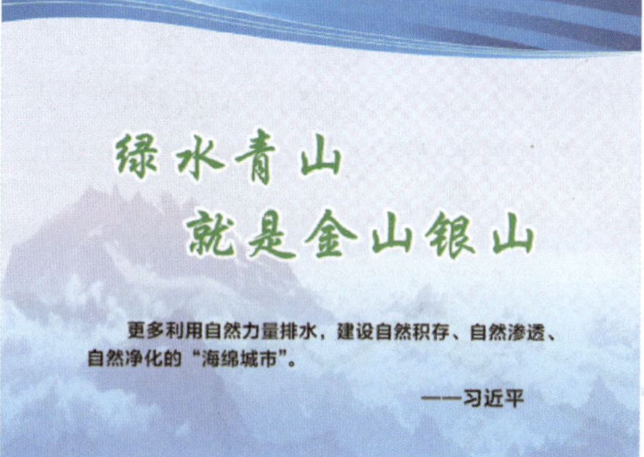

图 4-37 青山海绵城市建设理念与实施工程措施

图 4-38 典型海绵城市建设工程的 3D 沙盘模型

生物滞留设施指在地势较低的区域，通过植物、土壤和微生物系统蓄渗、净化径流雨水的设施，如图 4-39 所示。生物滞留设施包括简易型和复杂型两类，按应用位置不同又称作雨水花园、生物滞留带、高位花坛、生态树池等，如图 4-40 所示。对于污染严重的汇水区应选用植草沟、植被缓冲带或沉淀池等对径流雨水进行预处理，去除大颗粒的污染物并减缓流速；应采取弃流、排盐等措施防止融雪剂或石油类等高浓度污染物侵害植物。

生物滞留功能：滞蓄雨水径流，削减径流总量和延缓径流峰值；通过植物、土壤和微生物的物理、化学和生物的三重协同作用去除城市地表径流中污染物（N、P、重金属、石油类等），实现水质净化，改善水环境质量；增加渗透面积，缓解热岛效应；提供动植物栖息地，丰富生物多样性；美化景观。

生物滞留设施的优缺点：生物滞留设施形式多样、适用区域广、易与景观结合，径流控制效果好，建设费用与维护费用较低；但地下水位与岩石层较高、土壤渗透性能差、地形较陡的地区，应采取必要的换土、防渗、设置阶梯等措施避免次生灾害的发生，将增加建设费用。

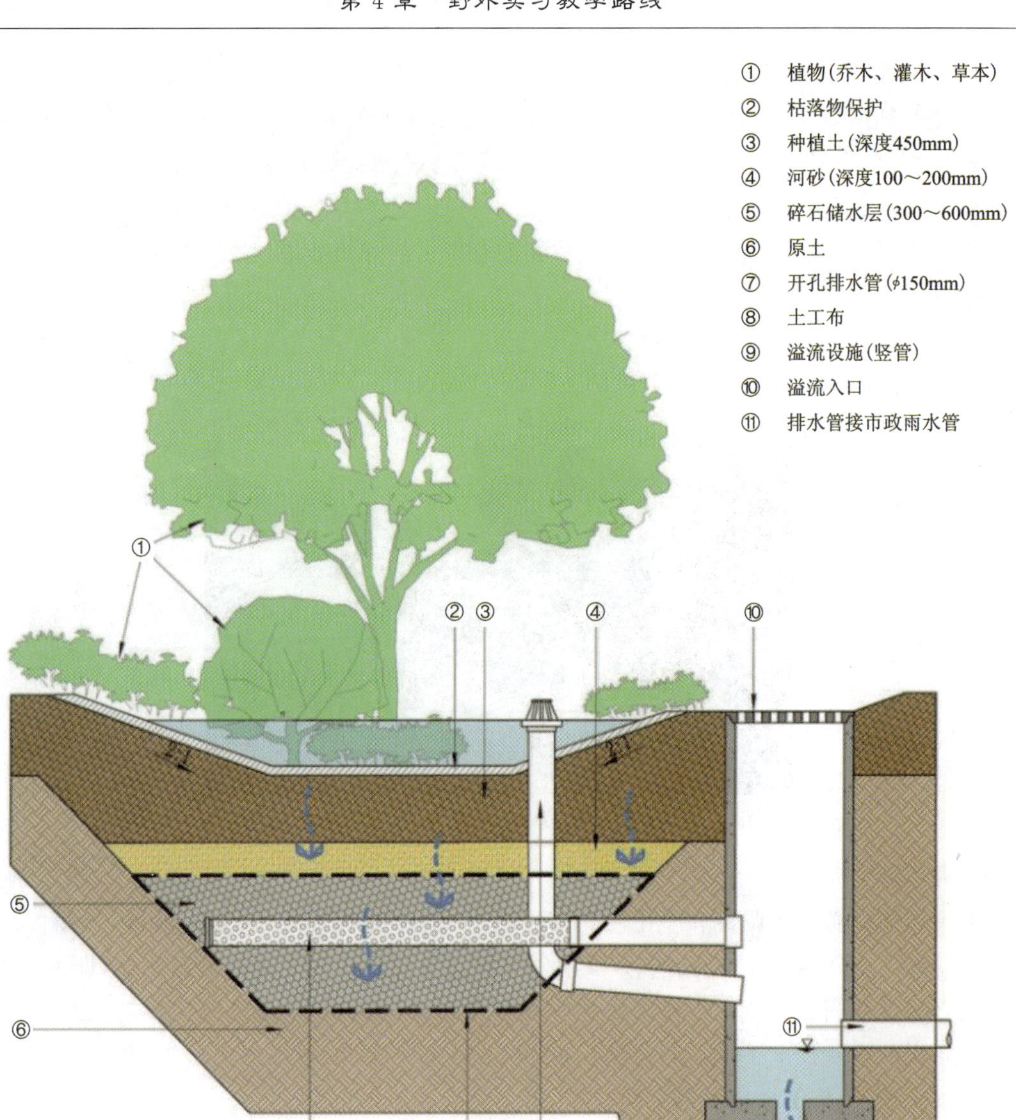

图 4-39　典型生物滞留设施组成与结构图

图 4-40　鄂州街和随州街绿化带改造建设生物滞留设施

点位 3:南干渠游园。

点义:实地观察与认识海绵城市建设典型工程措施的位置、适用范围、形状、结构和功能。

内容:雨水花园、滞留塘(湿塘)、透水铺装、下沉式绿地、植草沟、雨水箅子等。

1)雨水花园

雨水花园是一个用于过滤雨水径流但不贮存雨水的种植洼地,位于过滤设施的下游和较大处理设施的上游,如图 4-41 所示。

图 4-41　雨水花园

2)滞留塘

滞留塘指具有雨水调蓄和净化功能,并以雨水为主要补水水源的景观水体,如图 4-42 和图 4-43 所示。滞留塘可结合绿地、开放空间等场地条件设计为多功能调蓄水体,即平时发挥正常的景观及休闲、娱乐功能,暴雨发生时发挥调蓄功能,实现土地资源的多功能利用,是海绵城市建设的重要技术手段。滞留塘功能:调蓄雨水径流;削减峰值流量;美化景观;提供居民休憩娱乐场所;提供动植物栖息地;净化雨水径流。

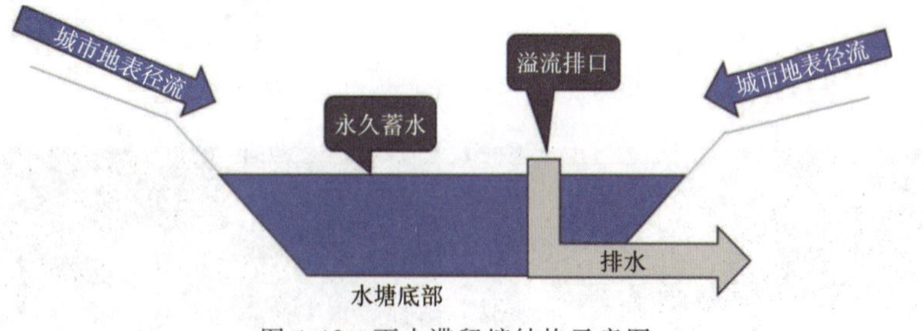

图 4-42　雨水滞留塘结构示意图

3)透水铺装

透水铺装包括透水砖铺装、透水水泥混凝土铺装和透水沥青混凝土铺装,嵌草砖、园林铺装中的鹅卵石、碎石铺装也属于透水铺装,如图 4-44 所示。透水砖铺装和透水水泥混凝土铺装主要适用于广场、停车场、人行道以及车流量和荷载较小的道路,如建筑与小区道路、市政道路的非机动车道等,透水沥青混凝土路面还可用于机动车道。透水铺装对道路路基强度和

图 4-43　青山南干渠游园地表径流滞留塘

图 4-44　透水铺装实景图[透水砖(a)、透水混凝土(b)、透水沥青(c)和缝隙透水铺装(d)]

稳定性的潜在风险较大时,可采用半透水;透水能力有限时应在透水基层内设置排水管或排水板。特点:透水铺装适用区域广、施工方便,可补充地下水并具有一定的峰值流量削减和雨水净化作用,但易堵塞,寒冷地区有被冻融破坏的风险。

4)下沉式绿地

狭义的下沉式绿地指低于周边铺砌地面或道路在 200mm 以内的绿地;广义的下沉式绿地泛指具有一定的调蓄容积(在以径流总量控制为目标进行目标分解或设计计算时,不包括调节容积),且可用于调蓄和净化径流雨水的绿地,包括生物滞留设施、渗透塘、湿塘、雨水湿地、调节塘等。狭义下沉式绿地下沉深度(低于周边铺砌地面或路面的平均深度)根据植物耐淹性能和土壤渗透性能确定,一般为 100～200mm;应设置溢流口保证暴雨时径流的溢流排放,溢流口顶部标高一般应高于绿地 50～100mm。适用性:下沉式绿地可广泛应用于城市建筑与小区、道路、绿地和广场内。特点:狭义的下沉式绿地适用区域广,建设费用和维护费用均较低,但大面积应用时,易受地形等条件的影响,实际调蓄容积较小(图 4-45)。

图 4-45　下沉式绿地剖面示意图(a)和实景图(b、c)

5)植草沟

植草沟指种有植被的地表沟渠,可收集、输送和排放径流雨水,并具有一定的雨水净化作用,可用于衔接其他各单项设施、城市雨水管渠系统和超标雨水径流排放系统,如图 4-46 所示。除转输型植草沟外,还包括渗透型的干式植草沟及常有水的湿式植草沟,可分别提高径流总量和径流污染控制效果。植草沟应满足以下要求:浅沟断面形式宜采用倒抛物线形、三角形或梯形;植草沟的边坡坡度(垂直∶水平)不宜大于 1∶3,纵坡坡度不应大于 4%,纵坡坡度较大时宜设置坡度为阶梯型植草沟或在中途设置消能台坎；植草沟最大流速应小于 0.8m/s，曼宁系数宜为 0.2～0.3；转输型植草沟内植被高度宜控制在 100～200mm 之间。

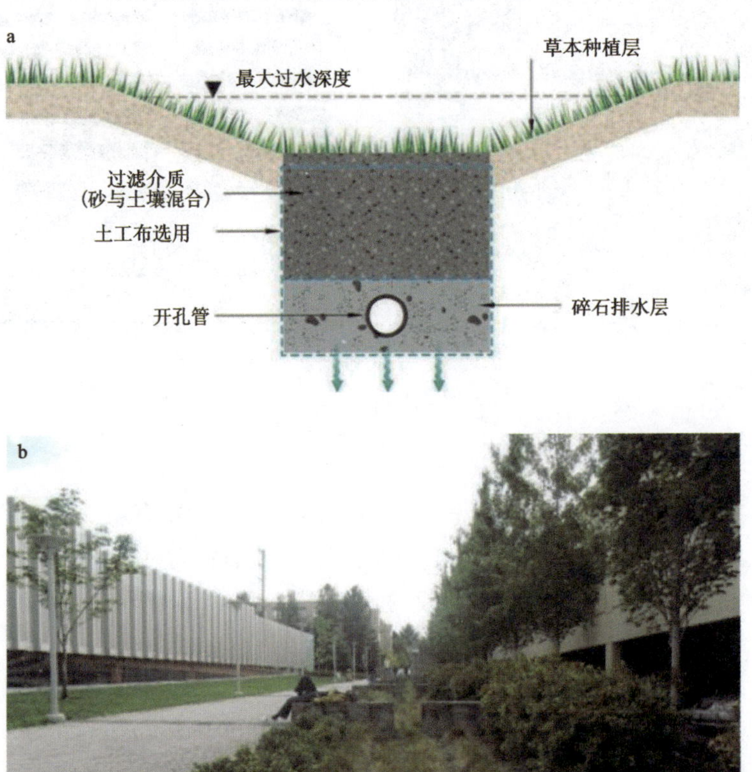

图 4-46　植草沟结构图(a)及实景图(b)

6)截污挂篮(雨水箅子)

该截污挂篮(武汉武钢海绵城市建设项目投资有限责任公司的一项实用新型专利)为一体式结构，包括沉淀槽和过滤槽，沉淀槽围绕过滤槽且位于过滤槽外侧；沉淀槽具有闭合的内侧槽壁以及闭合的外侧槽壁，内侧槽壁靠近过滤槽，并且内侧槽壁的顶端高度低于外侧槽壁的顶端高度；过滤槽上设置有 2 个以上供雨水流出的孔洞，如图 4-47 所示。截污挂篮可以整体安装在雨水口或者其他需要过滤雨水的管道口上，通过外围的沉淀槽和中心的过滤槽分道拦截泥沙等沉淀物以及烟头、树叶等漂浮垃圾，在雨水管网的起端就控制悬浮物和漂浮垃圾杂物的进入，可以极大地提高面源污染控制的效果，并且降低管网清淤的成本。

图 4-47　截污挂篮实景图

4.3.4　教学方法

本路线实习过程中，可邀请武汉武钢海绵城市建设项目投资有限责任公司的工程师（曾参与青山海绵城市设计、建设或实施）给学生讲解，带队老师补充讲解，理论联系实际，室内和室外结合，使学生充分认识到海绵城市建设的意义、措施和效果，增加对专业的认知。

4.3.5　野外实习后的总结和思考

通过青山海绵城市路线实习，使学生充分认识到海绵城市建设的意义、措施和效果，增加对专业的认知，了解专业就业去向，激发对专业的认可和热爱。

4.4　武汉市江夏长山口生活垃圾卫生填埋场

4.4.1　基本任务

（1）掌握城市生活垃圾填埋的工艺流程、构筑物构造与工作原理，掌握生活垃圾填埋工艺的特点及生活垃圾填埋效果。

（2）掌握不同地形对应修建的不同垃圾填埋场类型，学习垃圾填埋场的封场技术及不同覆盖系统设计的关键因素。

（3）掌握城市生活垃圾填埋废水、废气的排放与控制工艺流程、防渗、排水、排气层构造和材料特点。

（4）熟悉城市生活垃圾填埋成本、生产运行管理及工艺控制措施，熟悉城市生活垃圾填埋场的建设与发展简史。通过深入城市生活垃圾填埋厂参观、学习、调研和实践，进一步深化已学专业知识，掌握作为环境工程专业专门技术人员应具备的工程设计、施工、运行及管理方面的技能及有关经济核算、工艺改革方面的知识，收集资料、获得数据和积累实践经验。

4.4.2　出野外前的知识储备

4.4.2.1　城市生活垃圾的概述

1. 城市生活垃圾的定义

城市生活垃圾是指在城市日常生活中或者为城市日常生活提供服务的活动中产生的固体废物以及法律、行政法规规定视为城市生活垃圾的固体废物。随着中国经济的高速发展，城镇化过程的加快，生活垃圾的排放量与日俱增，环境污染越发严重，生活垃圾的安全有效处置已成为一个迫在眉睫的问题。

2. 城市生活垃圾的特点

1)数量庞大

在中国社会经济和物质财富飞速发展的大环境下，我国城市居民的物质生活水平也随之提高，城市居民的消费结构和经济实力也在不断变化，城市生活中的物质商品的消费量激增，但是城市居民的环保节约意识却并没有随着不断激增的物质商品总量不断提高，环保意识还停留在之前老旧的阶段。大量商品被过度包装，大量塑料袋被浪费使用的情况还在不断发生，在此基础上大量的城市生活垃圾被产生出来。生态环境部的全国大、中城市固体废物污染环境防治年报显示，截至 2020 年初，我国 196 个大、中城市生活垃圾产量已经达到了 21 147.3 万 t，而到了 2020 年底已经达到了空前的 23 560.2 万 t。

2)成分复杂

城市生活垃圾的组成成分是比较复杂的，包括厨余垃圾、灰土、砖瓦、纸张、金属、玻璃、塑料、织物等。一个城市的地理位置、居民生活习惯、气候地势、季节环境等因素不同可能就会造成组成成分千差万别，主要表现在有机物成分的差异。就大、中、小城市而言，大城市的生活垃圾有机物成分就要明显高于中、小型城市；就南北地理位置而言，北方城市的生活垃圾有机物成分就要比南方城市低；就消费组成而言，如果该城市以天然气消费为主，那么该城市的城市生活垃圾有机物成分就比其他不以此为主消费的城市要高出很多。

3)危害性大

城市生活垃圾对人们的生产和生活产生不便，甚至危害人体健康。虽然城市生活垃圾的危害性可能不如废水、废气给人的危害来得那么直接，其危害可能是缓慢的，甚至数十年、上百年才能够体现出来，如有些重金属危害；但是其危害延续时间长，造成的破坏难以恢复，长时间看，给人类环境和人类健康会造成更加严重的危害。

3. 城市生活垃圾的危害

城市生活垃圾在收集、运输和处理、处置过程中，其本身含有的和产生的有害成分会对大气、土壤和水体造成污染，不仅严重影响城市环境卫生质量，而且极大地威胁人民的身体健康。城市生活垃圾的危害主要有以下几个方面。

1)侵占土地

随着垃圾量的不断增长,垃圾的露天堆放以及建立更多的垃圾填埋场需要占用大量的土地资源,加之一些垃圾填埋场设备简陋,源头处置能力不强,需要占用更多的土地,从而造成了土地的严重浪费,加剧了耕地资源短缺的矛盾。

2)污染空气

堆放的垃圾容易受到微生物的分解并释放出多种有害气体,这些气体对周边的环境危害极大,并有多种致癌、致畸物质,造成对大气的污染,严重影响了人们的身体健康。垃圾填埋场中的垃圾经过腐烂变质后,会散发出多种有毒气体,并有可能随着空气的流动一起扩散到较远的区域。

3)污染水体

垃圾填埋后,经过自身的腐烂会产生同时具有酸性和碱性的有机污染物,以及一些重金属和微生物,之后会随着生活垃圾中的渗漏液、雨水一起进入土地,从而污染了地下的水体。有些高浓度的污水在污染土壤的过程中前期不易被人发觉,但经过一段时间,还是具有极大的危害性。

4)影响公共卫生

生活垃圾在收集、运输和处置堆放的时候容易滋生大量的蚊虫囤积大量的污水,还会繁殖大量的病原体细菌,这些都会严重影响周围的生态环境和人们的身体健康。

5)引起爆炸事故

随着生活垃圾中有机物含量的提高,垃圾在集中堆放过程中容易产生甲烷等可燃性气体,并引发垃圾爆炸等事故,危害日益突出。

4.4.2.2 城市生活垃圾主要处理技术

城市生活垃圾处理要本着无害化、减量化、资源化的原则,将垃圾进行减容、减量、资源化、能源化和无害化处理。目前我国普遍采用的城市生活垃圾处理技术包括卫生填埋技术、焚烧处理技术、堆肥技术。

(1)卫生填埋技术。卫生填埋技术是把生活垃圾置入一个大坑中,在垃圾和地面之间敷设防渗材料,用来防止垃圾中的液体渗漏到地下,进而污染地下的水体。在填埋场的底部铺排排水系统,用以将从垃圾中渗出的液体排出填埋场。在垃圾的内部植入导气系统,用以将气体导出加以利用。卫生填埋法优点是场地建设费用少,成本低,设备要求简单、处理方便等;但存在选址较难导致的运输费用高,占地面积大,易产生细菌、滋生蚊虫、散发恶臭,会导致水污染,空气污染,危害人们的身体健康和安全等缺点。

卫生填埋处理工艺流程具体如图 4-48 所示。垃圾填埋场大多采用的是单元式填埋方法,将垃圾填埋的场地规划为若干个小单元,主要包括垃圾卸料、推铺、压实、覆土等操作,最终实现封场。

(2)焚烧处理技术。垃圾焚烧是一种通过热分解、燃烧、熔融等过程,使垃圾在高温条件下最终形成残渣或者熔融固体,从而有效减少垃圾中各种有害物质和垃圾体积的处理技术。焚烧法是垃圾减量化最有效的方式,能够快速地减少容量、杀死细菌,节约土地资源,不需要

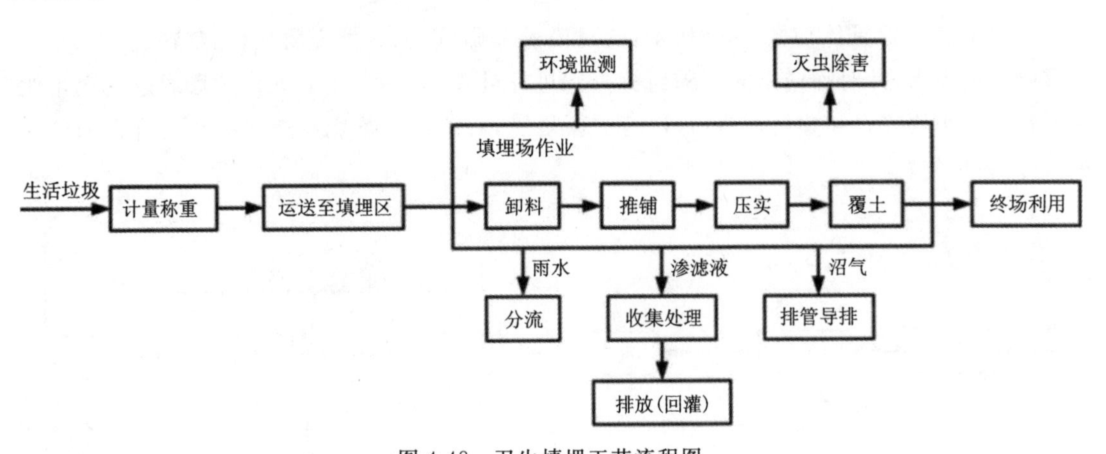

图 4-48　卫生填埋工艺流程图

长距离运送。建立焚烧厂还可以回收能源进行发电或者供热，实现规模经营，获得可观的收入，使焚烧厂的资金更加充足，科研投入和运营费用得到保障，给居民、企业带来实惠。同时，回收利用热转电也实现了环保的要求，符合可持续发展战略要求。但是，焚烧过程中会产生一些污染物和污染气体，危害甚大。其中煤烟、粉尘和颗粒等会影响空气可见度，HCl、SO_2和NO_x等酸性气以及二噁英等卤代化合物体会影响空气质量和身体健康。此外，焚烧设备结构复杂、规格大、费用高、建设和维修费高。

垃圾焚烧处理工艺流程具体如图 4-49 所示。

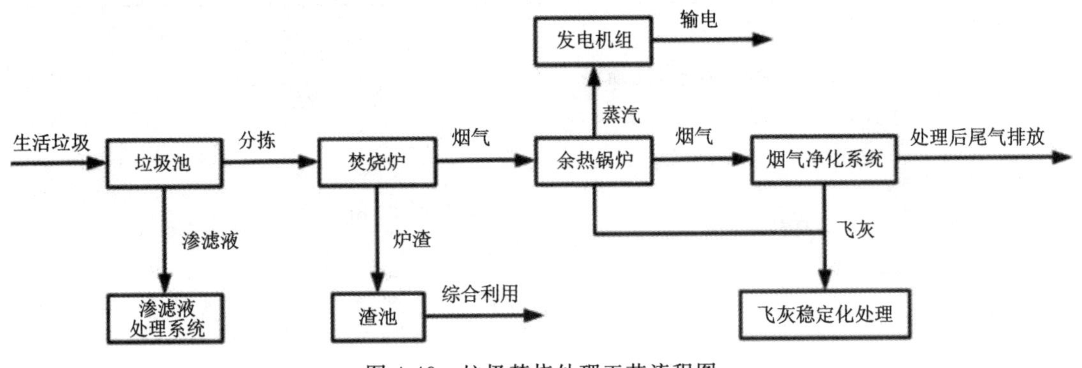

图 4-49　垃圾焚烧处理工艺流程图

(3)堆肥技术。堆肥法是指在一定条件下，借助微生物分解的能力，将有机物分解成无机组分。经过堆肥处理后，废弃物变成卫生无味的腐殖质。自然通风静态堆肥工艺简单，处置成本低，是最常见的堆肥方式之一，适合于处理易腐有机质含量较高的垃圾，从而实现垃圾资源化利用。但由于内部料堆常处于受压状态的不足，外部空气难以进入料堆内部，通风不足，且发酵过程中异味大，发酵周期较长。此外，我国的城市生活垃圾属于混合收集的，其成分复杂，不易分选，将混合着塑料、金属、重金属和玻璃等不可降解的垃圾进行堆肥，堆肥效果差，影响肥料质量，也可能出现二次污染等问题，因此堆肥产品中养分含量不高，实际用作肥料的很少。为针对用户的要求提高肥效，将所需元素加入肥源当中以满足生产需求，所以堆肥成本较高，销量较低。

堆肥工艺流程具体如图 4-50 所示，通过磁选和筛选，铁磁性金属材料、塑料、沙土、石砖块得以分选出来，针对筛选出的不同组分分别进行处理，未筛选出的混合垃圾通过一次堆肥后可筛选出小块砖石和塑料。最后，进行二次堆肥，将第二次堆肥后产生的废气进行回收处理，将肥料出售。

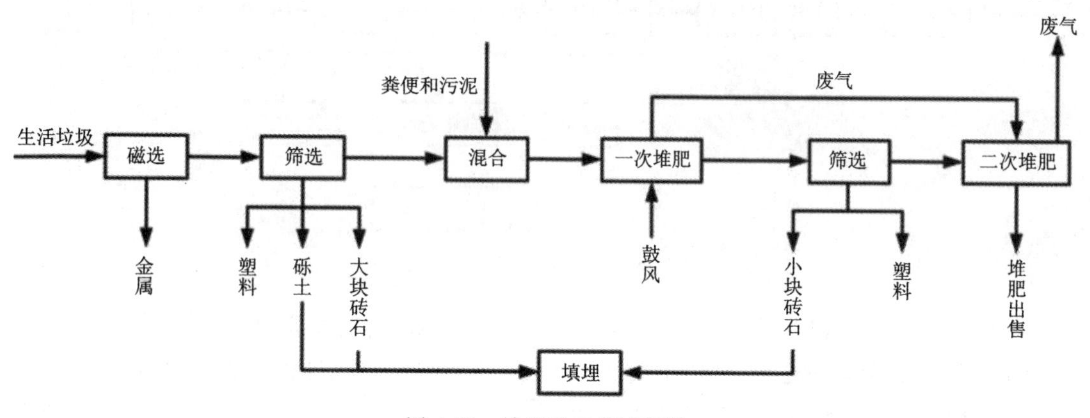

图 4-50　堆肥法工艺流程图

在表 4-1 中对 3 种生活垃圾处理技术的适用范围、效能特点和二次污染情况等方面进行了对比分析。

表 4-1　3 种生活垃圾处理技术对比

内容	卫生填埋	焚烧技术	堆肥技术
选址	较困难，要考虑地形、地质条件，防止地表水、地下水污染，一般远离市区，运输距离较远	易，可靠近市区建设，运输距离较近	较易，仅需避开居民密集区，区位影响半径小于 200m，运输距离适中
运行管理要求	操作管理简单	操作管理难度大，需要专业人员	操作管理难度中等
资源化利用	填埋气制沼	炉渣资源化，利用余热发电	形成腐殖质，用于土壤改良
减量化程度	垃圾几乎不存在减量化，仅体积压缩	减量化幅度大	减量化幅度小
无害化程度	无害化程度较低	无害化彻底	无害化程度适中
工程投入	低	高	适中
运行管理费用	适中	高	低
占地面积	大	小	中等
技术可靠性	可靠	可靠	可靠
技术安全性	较好，注意防火	较好	较好
最终处置	无	仅残渣需做填埋处理，为初始量的 10%～20%	非堆肥物质做填埋处理，为初始量 20%～25%

续表 4-1

内容	卫生填埋	焚烧技术	堆肥技术
水污染状况	可能发生渗漏，造成地表水和地下水污染	最终填埋时可能会发生渗漏	重金属等随渗透作用污染地下水
大气污染状况	硫化氢等臭气影响	二噁英等微量剧毒物质	有轻微气味等
土壤污染状况	限于填埋场区	无	重金属随径流进入土壤及农作物中
二次污染	较大	适中	适中
污染可控性	难度控制最大	难度控制较小	难度控制适中
社会认可度	较低	较高	适中

4.4.2.3　生活垃圾卫生填埋场的概述

1)卫生填埋场的定义

垃圾填埋场是采用填埋的方式处理垃圾的垃圾集中堆放场地，分为简易填埋场和卫生填埋场两种。简易填埋场又称垃圾堆场，这种方法是将城市垃圾收集到堆场中直接填埋处理，建设成本小、工艺简单、运营成本低，但缺乏环保措施，对环境有较大危害。卫生填埋场是从简易填埋场的基础上发展而来，采取适当而必要的防护措施，对垃圾和生态系统加以隔绝，以避免对环境造成污染。垃圾卫生填埋场凭借运行成本低、卫生程度好、综合效益高的优点在国内被广泛应用。

依据《生活垃圾卫生填埋场封场技术规范》(GB 51220—2017)，垃圾卫生填埋场自开始运行到最后停止使用的阶段中，都要符合相关标准所规定的要求。在进行垃圾填埋工作之前，对于填埋场的底部要进行一定的防渗处理，使用过程中对填埋垃圾分层填埋；在其不再接受垃圾，即停止垃圾填埋的功能之后，要进行标准化的封场；对于垃圾堆体所产生的渗滤液、沼气等要进行科学合理的收集与处理，最终实现无害化(图 4-51)。

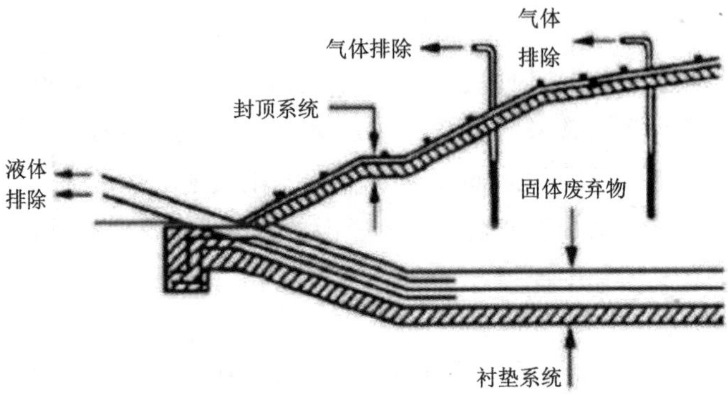

图 4-51　垃圾卫生填埋场结构图

2)卫生填埋场的基本类型

按填埋区所利用的自然地形条件的不同,卫生填埋场可大致分为 3 种类型:平原型填埋场、山谷型填埋场和滩涂型填埋场(图 4-52)。

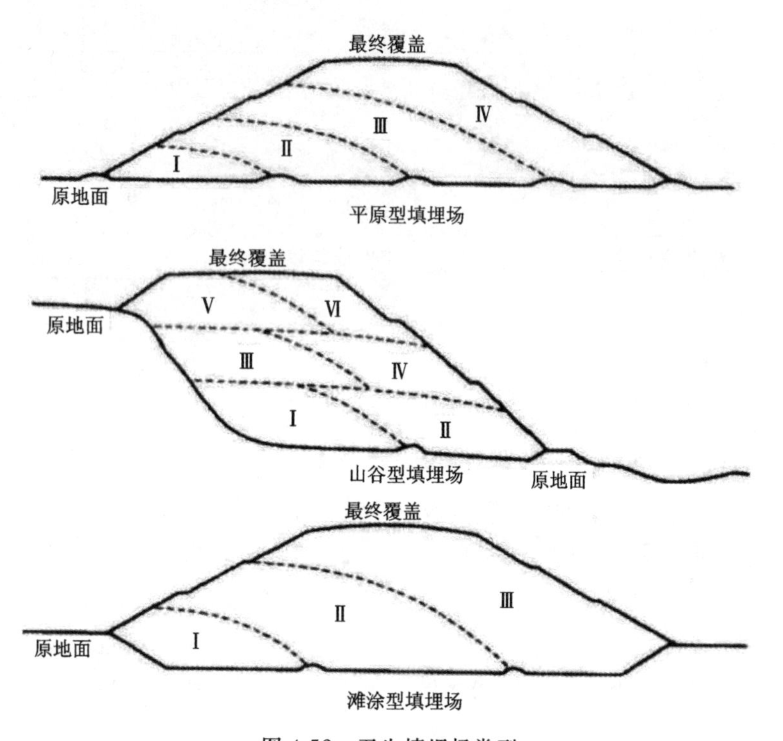

图 4-52　卫生填埋场类型

(1)平原型填埋场。平原型填埋场是在平地上构筑围堰,直接在围堰内的地面上填埋垃圾的场地,多适用于地形平坦、地下水水位高、地形较为开阔的地区。平原型填埋场的优点在于比较容易进行水平防渗和雨污分流、施工容易、投资较小;缺点在于占用耕地、征地费用高、外围不易形成屏障、高耸的堆体对景观存在一定消极影响。例如苏州的七子山垃圾填埋场、嘉兴东栅天德坪生活垃圾填埋场。对平原型填埋场而言,垃圾堆体改造后形成的山体是难得的景观。

(2)山谷型填埋场。山谷型填埋场通常地处重丘山地,地基的渗透性较弱,通常有山地作为天然屏障。山谷型填埋场通常采用斜坡作业法,堆体较高,单位用地处理的垃圾量最多,通常可达 $25m^3/m^2$ 以上。山谷型填埋场的缺点在于雨水汇集能力强、汇水面积大,雨水一旦进入垃圾填埋库区内将会极大增加渗滤液的产生。山谷型填埋场凭借较大的库容、良好的经济效益成为垃圾填埋场优先考虑的类型。需要注意的是,山谷型填埋场景观化改造中需要解决堆体顶坡因海拔高而产生的用水问题。

(3)滩涂型填埋场。滩涂型填埋场主要位于海滩等滩地上,采用围堤筑路、排水清基的方式将滩涂开辟为填埋场,多分布在沿海地区。滩涂型填埋场的优点在于库容量较大,土地复垦效果明显,经济效益良好。滩涂型填埋场的地基多为砂土,渗透性较强,沉降明显,这易导致库区底部埋设的渗滤液导排管和地下水导排管沉降、错位、断裂、堵塞,失去应有的功能。

上海老港垃圾填埋场、温州杨府山垃圾填埋场均为滩涂型填埋场。滩涂型填埋场较其他类型填埋场存在土壤严重盐碱化的问题。

3)卫生填埋场特征

(1)环境特征。首先，垃圾在填埋时难以被完全均匀地压缩，在外力和垃圾自身重力的作用下，垃圾堆体的空隙将逐渐被压缩，细小的颗粒会进入较大的孔隙，导致堆体体积减小产生沉降。此外不同成分的垃圾会在地底发生一系列物理、化学变化及生物降解反应，如腐蚀、发酵等，引起填埋堆体中垃圾体积的缩小。因而垃圾填埋场在其稳定化的过程中会出现不均匀的沉降，影响地基的稳定性。这种垃圾堆体的不均匀沉降使垃圾填埋场地的地表凹凸不平，会影响堆体本身及其边坡的稳固性，场地安全性较低。

其次，垃圾在降解过程中会产生大量的填埋气体。填埋气体的主要成分为55%～60%的甲烷，40%的二氧化碳，以及其他少量的有机及无机成分，如硫化氢、氮气、乙烯、苯和乙醛等。这些有害填埋气体严重污染环境及水体，影响填埋场植物的生存，还会产生恶臭，受影响的范围可达2km。此外，当空气中甲烷含量达到5%～15%时容易引起爆炸，因此场地内需严禁烟火，并采取有效的措施处理填埋气体。

再次，垃圾分解时会产生成分复杂的渗滤液。渗滤液是垃圾在堆放、填埋过程中，由于有机物质发酵分解、雨水沥淋、地下水浸泡等过程，产生的高浓度有机污水。垃圾渗滤液中存在大量的病菌和成分复杂的有毒有害物质，如果处理不好会随雨水溢出污染土壤，污染周边地区的地表水与地下水，需要做好填埋场防渗系统，收集并处理渗滤液。

最后，在生活垃圾填埋场的景观化改造中，由于缺乏植物生长所需的丰富的土壤，需在填埋堆体的防渗层上覆土并营造景观，因此在受到严重污染的土地上重建植被并恢复生态系统困难重重。

(2)生态特征。生活垃圾填埋场是一类退化了的生态系统。退化生态系统是指在一定的时空背景下，在自然因素、人为因素，或两者的共同干扰下，生态要素和生态系统整体发生的不利于生物和人类生存的量变和质变。垃圾填埋场的生态体系在严重的人为干预下已经严重退化，原有的生态结构已被完全破坏，生物多样性减少，抗逆性减弱，丧失了自然生态系统的生产力及自我更新能力，超出了生态系统的自我修复能力，需要通过适当的人工干预帮助生态系统恢复，继而进行景观的重建。

(3)场地特征。垃圾填埋场经过人为的开挖、填埋、修整后，景观结构大为改变，其场地特征已完全区别于自然场地。垃圾填埋场层层堆叠的地形、废弃的填埋设施、渗滤液处理装置、填埋气体收集装置等，在使场地破碎化的同时，也使场地的景观与众不同，特征鲜明，在景观建设时应充分利用其场地特色取长补短。

此外，以往的垃圾填埋场往往建在城市近郊，随着城市扩张，人们生活、工作的区域越来越接近以前位于城郊的垃圾填埋场，垃圾填埋场作为景观化改造场地也逐渐体现出其地理位置的优越性。

4)卫生填埋场封场后的可利用途径

从以往的案例中看，生活垃圾填埋场场地的再利用大多采用原址复绿的模式，即对原有生活垃圾填埋场进行场地复绿，运用垃圾填埋场原位无害化治理的措施和技术，控制场地的污染物，实行生态恢复，例如作为农业用地或林业用地，以及景观化改造。其中农业用地和林业用地更侧重场地的经济效益，并且农业用地还要考虑到食品安全问题，而景观化改造则同时具有生态效益、环境效益、社会效益等更为综合的多方面的作用。不同的垃圾填埋场自身条件、周边环境、社会环境各不相同，不同的再利用途径也各有利弊，应根据填埋场自身的情况，选择最适合自身发展的建设途径（图 4-53、表 4-2）。

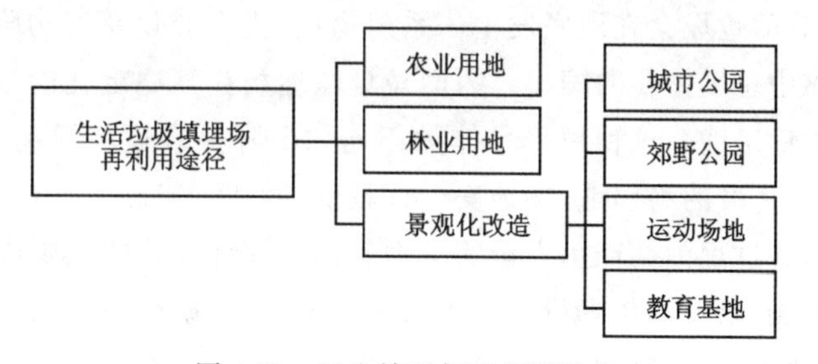

图 4-53　卫生填埋场再利用途径

表 4-2　卫生填埋场再利用途径的优劣势比较

内容	优势	劣势
农业用地	①缓解耕地压力； ②可以结合景观化改造建设为农业景观	①需要较高质量的覆盖土层，恢复成本较高； ②需要严格的污染防治和控制系统； ③周边地块已成为城市用地
林业用地	①对土壤要求相对不严； ②具有一定的经济效益； ③具有潜在的旅游开发价值和景观价值	①受城市规划限制，有一定的局限性； ②垃圾填埋场会对树木的生长产生影响，不能在短期内获得经济利益
景观化改造	①改变人们对垃圾填埋场传统的看法，在解决生态效益的同时获得社会效益； ②提供大面积的公共活动空间； ③可以与自然保护、林业等其他用途结合	①需严格控制污染和场地沉降对公众的潜在威胁； ②经济方面的收益较少； ③公众可能对潜在的污染威胁怀有戒心

（1）农业用地。在农业耕地日益减少的今天，将垃圾填埋场废弃地转化为农业用地具有较高的经济社会价值，既可以缓解耕地压力，亦可以解决垃圾填埋场的环境问题。需要说明的是，这种做法恢复成本较高，在受污染的土地上种植农作物会涉及不容忽视的食品安全问题，需要大量的资金对场地进行恢复，对污染物要有严格的控制系统和防治措施，同时恢复周期较长，后期对场地的监测及管理也要求极高。此外，部分垃圾填埋场位置已接近市区，改造为农业用地不一定适应城市的发展，因此，将垃圾填埋场改造为农业用地并不适合大范围的推广。

（2）林业用地。考虑到垃圾填埋场多位于城市边缘，将垃圾填埋场地恢复为城市的防护林带等城市林业用地也不失为一种较好的选择。

改造为林业用地可以增加城市绿地率，提升城市环境质量，且林业用地对土壤的要求不高，大面积的植被也有利于场地生态恢复，同时能为城市带来一定的经济效益，场地亦具有潜在的景观开发价值。不过恢复为林业用地用途较为单一，是否需要改造为林业用地也受到城市规划发展的影响，因此也不具备普适性。

(3)景观化改造。在众多垃圾填埋场的改造案例中运用最普遍的是将其改造为城市公园、运动场地、教育基地等公共休闲娱乐空间。对场地进行景观化改造，是目前大多数垃圾填埋场再利用的途径，成功率最高的一种利用方式。

4.4.2.4　卫生填埋工艺简介

1. 填埋作业

垃圾卫生填埋是垃圾卸料、推铺、压实、覆土、再碾压的填埋过程。垃圾运进场后，按预先计划卸下，用推土机摊铺均匀，每块垃圾层厚度为 0.5～0.6m，再用履带式推土机和垃圾压实机械反复压实，然后卸垃圾、再碾压，在垃圾填埋层厚度达 2.5m 后，立即覆厚 0.25m 土并压实，为尽量减少裸露垃圾对环境的污染，夏季当天垃圾必须当天覆土压实，冬季可根据实际情况定期覆土，覆土材料一部分就地取材，不足部分采用建筑垃圾、炉灰渣等(图 4-54)。

图 4-54　填埋作业流程图

1)垃圾卸料

装载垃圾的车辆进入作业区的速度控制在 15km/h 左右，车辆至倾卸点，在指挥人员示意后，方可卸料；垃圾卸料完毕后，在指挥人员示意后，方可放下顶泵。在填埋作业中将覆盖材料铺设在每天作业面的上面，可以起到提高垃圾面承载力的作用，同类型的填埋场作业方式表明，这种情况下垃圾车可以直接在填埋场表面行驶，开到作业点卸料。

2)推铺和压实作业

“推铺、压实”是卫生填埋作业过程中的一道重要工序。它可以提高填埋场垃圾的压实密度，减少填埋场的不均匀沉降量，增加填埋量，延长作业单元和整个填埋场的使用年限，减少填埋物的空隙率，有利于形成厌氧环境，减少渗滤液产生量和蚊蝇的孳生。

推铺及压实作业可以由推土机或压实机单独完成，也可以由推土机推铺、压实机压实联合作业。采用推土机单独推铺及压实作业，工作效率较低，压实效果较差，一般压实密度只能达到 0.8t/m^{3}左右，目前国内垃圾填埋场大多已不采用这种方式。采用压实机推铺及压实作业，工作效果较好，压实密度可达 1t/m^{3}以上。一般情况下，一台压实机的作业能力相当于2～3 台同功率的推土机工作效能，但压实机的价格却是推土机的 2～3 倍，且功率大，油耗高，投资及运行费用高，国内外垃圾填埋场一般不采用压实机单独完成推铺及压实作业工艺。以压实机为主、推土机为辅的推铺及压实作业方式已在大多数垃圾填埋场广泛应用，它具有作业效率高、经济性好的优点。

对于高含水率垃圾的推铺、压实的技术关键是斜坡作业，即尽可能采用由上到下的作业方式堆坡。实验表明，坡度在 11°左右，斜面作业的压实密度，以及高含水率垃圾的推铺、压实效果最佳。针对我国实际，由下往上作业，通常会造成垃圾堆体滑坡，垃圾渗滤液流向车辆堆卸点，对临时道路构成威胁，一般情况下不宜采用。

3)填埋作业方式

分区分单元填埋作业：填埋作业区划分为若干相对独立的作业区，然后按顺序逐区进行“单元式”填埋作业。单元数量和大小在设计过程中视具体情况而定，一般以一日一层作业量为一单元，每日一覆盖。填埋场作业以实行分区分单元填埋为前提，然后再来考虑分层的填埋作业。其目的是最大限度地实现填埋区内的清污分流，减少渗滤液的产生量，确保填埋库区的成功运行，成功解决雨污分流的问题。

在填埋作业过程中，场底以上的雨水通过周边临时排水沟，分别被导排到填埋库区周围的截洪沟，可以实现雨污分流。另外，考虑到水平面积有利于填埋机械作业，所以场底一次填埋作业到相对高度 4.7m。填埋作业完毕后，进行中间覆盖再进行更上一层的填埋作业。同样使用间隔作业区方法，也是一次填埋到本层作业高度。填埋过程中，当天作业完毕后，采取日覆盖，达到 4.7m 标高的时候，再采用覆土进行中间覆盖。

随着填埋作业高度的不断增加，可利用的填埋作业有效面积也越来越大，这时就能为气体利用提供方便，已经经过临时封场的填埋单元可以通过导气石笼上部的垂直集气井，将导气管和周围的移动式集气站连接起来，就可以对收集的气体进行再利用了。此时填埋作业和导气利用就能变成相互独立的两个工作面，填埋作业将不会影响导气利用。

分阶段填埋作业：分层填埋作业是和分单元填埋作业结合在一起的，分层填埋作业以分区分子单元按照顺序填埋为基础，共分三个阶段。

第一阶段填埋作业主要从场底开始，为了尽量避免垃圾作业机械对库底土工膜防渗系统可能造成的损坏，第一层垃圾从作业单元周边的临时作业道路上由上向下，由内向外，顺序向前倾倒、推铺，直至填埋区底部铺满一层(厚 2m)垃圾后，达到场底绝对标高 2m 处，再填垃圾方可用压实机械分层压实。因此，填埋第一层垃圾时宜采用填坑法作业，并对这部分填埋垃圾进行适当分选，将可能穿透防渗层的物品(如树枝、木棍等)清除并碾压实。

当作业单元内第一阶段完成后，可开始第二阶段填埋作业，填埋作业机械便可全部下到填埋作业点进行铺推及压实作业。此时的垃圾第一填埋层厚度达到 2.0m，填埋第二层垃圾时，继续利用填埋库区临时作业道路，但是单纯利用填埋库区临时作业道路对填埋作业是不利的，而沿用第一层垃圾填埋时采用的填坑式作业，势必要在不同标高处建造卸料平台，这样既不利于垃圾分单元填埋作业，也不利于垃圾层间填埋作业的衔接，更不利于雨污水的收集及导排，实际操作也十分困难。此时采用堆积法作业方法作为补充，倾斜面堆积法可利用推土机在垃圾第一填埋层顶面直接推铺堆高作业，上述弊端便可克服。因此，垃圾填埋作业第二层起采用倾斜面堆积法作业。填埋作业第二次到达高程与周围环库区道路和垃圾坝坝顶高程相当后，可进行下阶段填埋作业。

第二阶段填埋作业完成后，可进行第三阶段填埋作业。第三阶段作业中，每 5m 为一个作业层，第三阶段填埋作业与第二阶段填埋作业最大的不同是：第三层填埋作业在地面以上完成，为保证堆体的稳定性，需要修坡。堆体坡度按照 1∶3 设计，每升高 5m 设置一个宽 3m 的马道平台，第三阶段填埋作业最终到达的高程为封场高程。

2. 防渗工艺

1)防渗处理方式

想要有效地防止渗滤液污染到水源，就必须要对填埋场的底部进行关键有效的防渗处理。目前通常采取的防渗处理方式主要有垂直防渗和水平防渗两种(图 4-55)。

垂直防渗处理：在卫生填埋场的底部需有一个天然的隔水层。在填埋场的周围设立与隔水层相连的防渗墙，从而在填埋场的底部构成一个相对孤立的独立单元，这样一来生活垃圾所产生的渗滤液就无法通过四周向外扩散，也保证了水源的安全性。防渗幕墙工艺是垂直防渗技术中的一种，主要原理是通过将黏土液水泥液以及一些其他的化学液体经过喷射、搅拌等方式，与土壤颗粒黏合在一起，从而达到增加土壤的密实程度、提高防渗作用等多重目的。我国目前主要采用的防渗幕墙工艺是喷粉搅拌法，这一方法可基本满足对于防渗的要求，且效果较为显著。

水平防渗处理：卫生填埋场的水平防渗方法主要分为天然和人工两种。其中，天然的水平防渗方法利用了场内的隔水层来防渗，当卫生填埋场的底部所采用的为黏土或是不透水层时，就可以采取这个防渗方式；而人工的水平防渗方法主要是在横向铺设人工防渗的衬层来减少渗滤液向土壤和水源中渗透。作为人工衬层的一种，膨润土衬层在国际上已经得到了很广泛的使用，我国考虑到其性能较好，在近些年内也逐渐开始使用起来。本次实验采取使用最多的高密度聚乙烯膜来作为防渗层的材料。

2)防渗系统类型

单层衬垫防渗系统：由一层防渗衬层构成，适用于防渗等级较低且地下水位低于填埋场底部的条件，若地下水位高于填埋场底部，要满足地下水渗入速率不会导致填埋场的渗滤液量过大，或者地下水上升压力不会破坏防渗衬垫，才可使用该衬层系统。

双层衬垫防渗系统：由两层防渗衬层组成，起到双重防护作用，当上层防渗衬层破坏以后向下渗漏，此时第二层防渗系统发挥其功能阻止继续渗漏，将渗滤液阻隔到中间的渗滤液收集系统中，并输送到外部的污水处理厂。此种结构适用于生活垃圾与危险废弃物共同堆放的混合式填埋场中，安全系数较高。

单层复合衬垫：由两种材料组成的防渗衬层，一般是由人工合成材料与天然材料结合而成，共同起到防渗作用，此结构可以利用不同材料的物理特性，各自发挥性能的优势。

双层复合衬垫防渗系统：双层复合衬垫结构就是在双层衬垫结构的基础上每层衬垫都采用复合衬垫，此衬垫结构属于较完整的体系，综合了各种系统的优点，但是同时造价也较高，适用于天然土质差、地下水位低以及堆放危险物品的垃圾填埋场中。

3. 渗滤液收集与导排

垃圾填埋场渗滤液，又称垃圾渗沥液，是指垃圾在堆放和填埋过程中，由于雨水及地表水渗入填埋场，在垃圾生物化学和化学降解作用下，垃圾中的污染物溶解析出，产生的含有高浓度悬浮物和高浓度有机成分的污水。渗滤液的产生是水通过废物和废物挤压的结果。影响渗滤液产生的因素比较多，主要有区域降水及气候、垃圾性质与成分、填埋场水文地质条件、

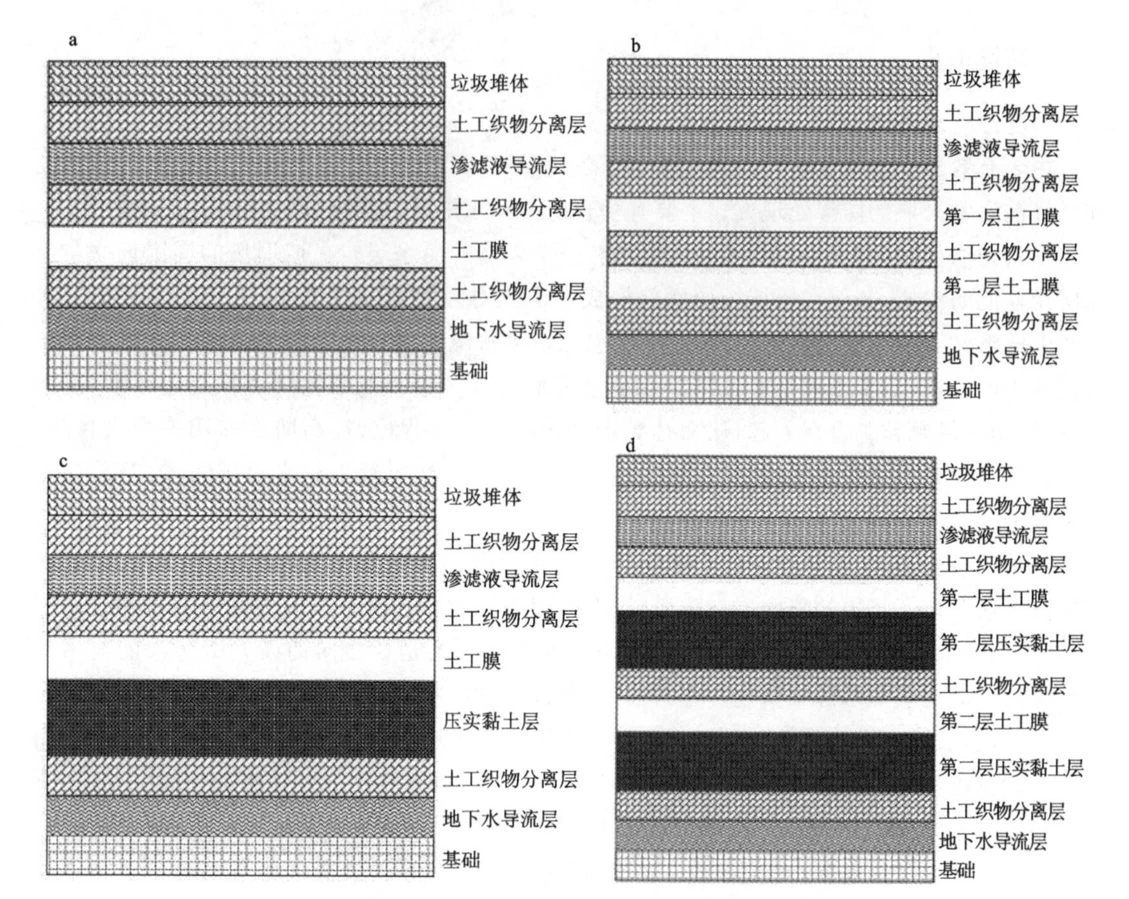

a. 单层衬垫；b. 双层衬垫；c. 单层复合衬垫；d. 双层复合衬垫。

图 4-55　防渗系统示意图

垃圾覆盖层状况等。

填埋场渗滤液主要来源于大气降水、地表径流、地表灌溉、地下水、废物中水分、覆盖材料中的水分、有机物分解生成水等，其形成、发展大致分为以下 3 个阶段。

第一阶段降雨入渗，垃圾体表层形成饱和区，雨水在重力作用下向下运动，到达垃圾场底部，进入渗滤液收集系统渗滤液收集盲管。

第二阶段降雨持续，雨水不断渗流到达填埋场底部，在底部界面形成压力水头，渗滤液在压力水头作用下渗流，并通过渗滤液收集系统向下游排泄。当渗入水量与排泄水量达到相等时，即达到渗流平衡状态。

第三阶段降雨停止，垃圾填埋场渗滤液逐渐消散。

4. 气体的产生与收集

城市生活垃圾中含有大量的有机物质类垃圾，该类垃圾由于填埋场内部物理、化学和生物过程的共同作用，特别是在微生物的作用下会降解产生气体，称为填埋气体（如表 4-3 所示）。填埋气体的产生是一个非常复杂的过程，通常国内外都把填埋场产生气体的过程划分为以下 5 个阶段。

第一,好氧阶段。垃圾进入填埋场开始,在好氧微生物的作用下,可降解的有机物迅速与填埋垃圾中所带的氧气发生好氧生物降解反应,生成 CO_2 和 H_2O,并释放出较大能量,产生大量的热使温度升高 10～15℃。

第二,转化过渡阶段。当填埋体内的氧气被逐渐消耗,厌氧环境开始形成并发展,由于水解、发酵作用生成 CO_2,少量 H_2、N_2 和高分子有机气体,基本不含 CH_4。

第三,酸性阶段。在兼性、专性微生物等产酸菌的活动作用下,产生大量的有机酸,CO_2 呈现浓度前半段大量升高、后半段产量有些许的下降的趋势,此阶段 CO_2 和 H_2 含量都达到了最大值,CH_4 开始产生。

第四,CH_4 阶段。在厌氧微生物甲烷菌的作用下,有机酸和 H_2 转化为 CH_4 和 CO_2。这是 CH_4 产生的主要阶段,且产生率稳定,含量(体积百分比,下同)保持在 50%～65%之间,CO_2 也基本稳定在 45%左右。

第五,成熟稳定阶段。垃圾废物中的大部分可降解物质被转化为 CH_4 和 CO_2 之后,填埋场释放气体的速率明显下降,此阶段仅产生 CH_4 和 CO_2,因各填埋场的差异性,也可能存在少量的 N_2 和 O_2。

表 4-3　城市垃圾填埋气体的典型组分和含量

成分	含量(%)	成分	含量(%)
CH_4	45～60	NH_3	0.1～1.0
CO_2	40～60	NO	0～0.2
O_2	0.1～1.0	含硫气体	0～1.0
N_2	2～5	微量气体	0.01～0.6
H_2	0～0.2		

填埋垃圾产生的气体通过被动导气进行收集,在填埋场内设置了竖向导气石笼,收集垃圾降解过程中产生的气体。随着垃圾填埋高程的上升,在距底部防渗层上部沿着盲沟的纵方向设置导气石笼垂直气井,在盲沟垂直方向上的导气石笼间隔不大于 30m,然后纵向以主盲沟为基准线,保证横向和纵向相互间隔不大于 30m,在场内布置导气石笼。随着填埋作业面不断升高,导气管的铺设也不断加高。排气管必须高出最终覆盖层。

5. 封场

(1)封场的概念。垃圾填埋场作业至设计标高或垃圾堆放场不再收纳垃圾而停止使用时,需要对垃圾堆体进行封场处理,这是防止填埋场二次污染的一项有效措施。填埋场封场工程包括地表水径流控制、场地排水、防渗、渗滤液收集处理、填埋气体收集处理、堆体稳定、植被类型选择及覆盖等内容。在具体的实际封场工程中,主体内容包括垃圾堆体整形、封场覆盖系统、雨污控制系统等。

(2)封场的基本功能和作用。①减少雨水以及其他降水渗入垃圾堆体内,从而减少渗滤液的产生;②控制填埋场产生的恶臭气体的散发,有效收集、处理和利用填埋气体,达到控制污染、综合利用的目的;③抑制病原菌的扩散,减少蚊蝇的繁殖及其对病原菌的传播;④防止地下水、地表水的污染,保护有限的水资源;⑤防止水土流失;⑥促进垃圾堆体的稳定化进程;⑦为城市绿化和景观增加色彩,为填埋场土地资源的再利用提供空间。

(3)封场覆盖系统结构。根据《生活垃圾卫生填埋场封场技术规程》(GB 51220—2017)的规定,生活垃圾填埋场在封场时必须要建造封场覆盖系统。封场覆盖系统从下至上依次是排气层、防渗层、排水层、植被层(图 4-56)。

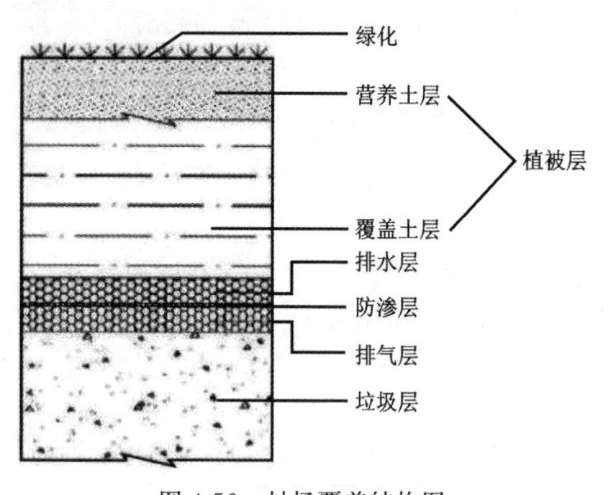

图 4-56　封场覆盖结构图

排气层:直接接触垃圾堆体,还对防渗层和排水层起支撑作用。排气层的渗透系数需大于 1×10^{-2}cm/s,厚度需大于 30cm。排气层通常采用颗粒直径为 25～50mm、导排性良好、抗腐蚀性强的粗颗粒多孔材料,如卵石、砾石等。土工材料也是排气层的常用材料,但是在实际使用中,粗颗粒多孔材料凭借成本低、施工简单及更能抵抗填埋气体的侵蚀的特点,在垃圾堆体顶坡上得到广泛应用。

防渗层:一方面用来防止填埋气体向上扩散,另一方面防止雨水渗入垃圾堆体。防渗层可由土工膜和压实黏性土或土工聚合黏土衬垫(GCL)组成复合防渗层,也可单独使用压实黏性土层。复合防渗层的压实黏性土层厚度应为 200～300mm,渗透系数应小于 1×10^{-5}cm/s;单独使用压实黏性土作为防渗层,厚度应大于 300mm,渗透系数应小于 1×10^{-7}cm/s。

排水层:与填埋区的排水沟相连,其主要作用是收集降水和保护防渗层。排水层顶坡应采用粗粒或土工排水材料,边坡应采用土工复合排水网,粗粒材料厚度不应小于 300mm,渗透系数应大于 1×10^{-2}m/s,材料应有足够的导水性能。

植被层:既起到隔绝的作用,保护下面的排水层、防渗层和排气层避免受到来自上方的潜在伤害,也为上部的景观化改造建立了物质基础,为植物生长、景观元素的构建提供了较好的场地条件,不仅是保障植物生长的重要基质,也是改善景观环境和修复自然生态的载体。植被层包括覆盖土层和营养土层。覆盖土层由压实土层构成,渗透系数应大于 1×10^{-4}cm/s,厚度当大于 450cm;营养土层的厚度应当大于 15cm。

6. 垃圾渗滤液处理工艺

1)渗滤液处理工艺设计原则

根据垃圾渗滤液的水质特点、现有和在建生活垃圾填埋场所处的地理环境、相关的配套设备以及现行国家环保标准对生活垃圾填埋场水污染物控制的要求,本方案将根据以下原则进行设计:①垃圾渗滤液处理工艺设施处理后的达标排放水能完全满足现行最新的《生活垃圾填埋场污染控制标准》(GB 16889—2008)中的要求;②运行稳定,有较强的耐冲击能力,能适应垃圾渗滤液水质不稳定、水量变化大的需要;③能适应高含盐量的水质环境;④材料需有良好的耐腐蚀性;⑤自动化程度高,安装、操作、运行及维护简单;⑥结构紧凑,占地面积少;⑦能耗低,节能环保;⑧工程投资少,电耗及运行费用低;⑨能适应未来垃圾渗滤液的处理需要。

2)渗滤液处理工艺选择

根据目前渗滤液处理工艺的发展和改进,主流的处理工艺主要有 3 种,即膜过滤工艺(两级 DTRO)、循环蒸发工艺(MVC 和 MVR)和生化+(深度)膜处理工艺(MBR+NF/RO),其中膜过滤工艺和循环蒸发工艺属于物理的处理方式。

(1)膜过滤工艺:将调节池的渗滤液经过不同级别的过滤设施后(图 4-57),被截留的污染物经过浓缩过程后回灌至库区内通过垃圾体进行再吸附处理。

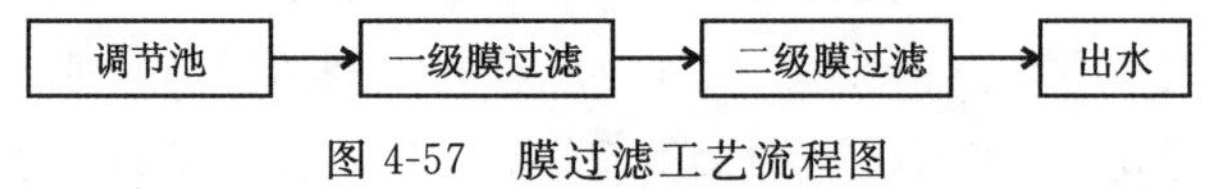

图 4-57　膜过滤工艺流程图

(2)循环蒸发工艺:将调节池的渗滤液经过预处理后加热到水的沸点温度进入循环管道,形成蒸汽后的渗滤液被再次压缩并与后续进入蒸发系统的渗滤液进行热接触,蒸汽放热后冷凝形成出水,热被循环利用,冷凝后的产水经过深度处理排放,剩余的浓缩液回灌至库区(图 4-58)。

调节池 → 预处理 → 循环蒸发 → 氨吹脱 → 出水

图 4-58　循环蒸发工艺流程图

(3)生化+膜处理工艺:在紧接着下个阶段的操作中,生化段的活性污泥主要是借助微生物将污染物质转变成二氧化碳和水,剩下的无法被降解的污染物质在过滤的单元内被浓缩和截留,浓缩的液体可以在物质重新提取后使用,产水透过膜之后排放(图 4-59)。

图 4-59　生化+膜处理工艺流程图

3 种主要的工艺简介如下。

(1)DTRO 工艺。DT 膜技术即碟管式膜技术,分为 DTRO(碟管式反渗透)和 DTNF(碟管式纳滤)两大类,是一种专利型膜分离设备。DT 膜技术的膜组件构造与传统的卷式膜截然不同,包括原液流道和透过液流道。

原液流道：碟管式膜组件具有专利的流道设计形式，采用开放式流道，料液通过入口进入压力容器中，从导流盘与外壳之间的通道流到组件的另一端，在另端法兰处，料液通过8个通道进入导流盘中，被处理的液体以最短的距离快速流经过滤膜，然后180°逆转到另一膜面，再从导流盘中心的槽口流入到下一个导流盘，从而在膜表面形成由导流盘圆周到圆中心，再到圆周，然后到圆中心的双“S”形路线，浓缩液最后从进料端法兰处流出。DT组件两导流盘之间的距离为4mm，导流盘表面有一定方式排列的凸点。这种特殊的水力学设计使处理液在压力作用下流经滤膜表面遇凸点碰撞时形成湍流，增加透过速率和自清洗功能从而有效地避免了膜堵塞和浓度极化现象，成功地延长了膜片的使用寿命。清洗时也容易将膜片上的积垢洗净，保证碟管式膜组适用于处理高浑浊度和高含砂系数的废水，适应更恶劣的进水条件。

透过液流道：过滤膜片由两张同心环状反渗透膜组成，膜中间夹着一层丝状支架，使通过膜片的净水可以快速流向出口。这3层环状材料的外环用超声波技术焊接，内环开口，为净水出口。渗透液在膜片中间沿丝状支架流到中心拉杆外围的透过液通道，导流盘上的“O”形密封圈防止原水进入透过液通道。透过液从膜片到中心的距离非常短，且对于组件内所有的过滤膜片均相等。

(2)MVR工艺。机械蒸汽再压缩(mechanical vapor recompression，MVR)不需要进行生化处理，处理过程完全是物理化学反应，渗滤液经沉淀去除部分SS(悬浮物)及细小的纤维后进入后续高效自动控制MVR蒸馏装置，在MVR装置内利用闪蒸原理使渗滤液中的水蒸发，经冷凝后变成蒸馏水排出，由于氨极易和水结合，蒸馏水中含有氨，需要后段离子交换系统进一步处理才能达标排放。离子交换系统回收的氯化溶液经闪蒸后形成氯化晶体，可作为化工原料利用，同时部分无法在该温度下变成气体脱出蒸发罐的物质得到浓缩，这些浓缩液将在达到一定浓度后排出。

蒸发浓液量一般为5%～10%，在浓液储池中出现结晶沉淀，系统并未由于回灌而影响蒸发效率。实际上，MVR蒸发技术是普遍应用于化工的浓缩，包括结晶浓缩(如氯化钙浓缩)，故可采用回灌的方式解决浓液。

(3)MBR工艺。MBR又称膜生物反应器，为膜分离技术与生物处理技术有机结合之新型态废水处理系统。以膜组件取代传统生物处理技术末端二沉池，在生物反应器中保持高活性污泥浓度，提高生物处理有机负荷，从而减少污水处理设施占地面积，并通过保持低污泥负荷减少剩余污泥量。主要利用膜分离设备截留水中的活性污泥与大分子有机物。膜生物反应器系统内活性污泥(MLSS)浓度可提升至8000～10000mg/L，甚至更高；污泥龄(SRT)可延长至30d以上。

MBR因其有效的截留作用，可保留世代周期较长的微生物，可实现对污水深度净化，同时硝化菌在系统内能充分繁殖，其硝化效果明显，为深度除磷脱氮提供可能。

3种工艺比选见表4-4。

表 4-4　3 种工艺比选

内容	膜过滤	循环蒸发	生化＋膜处理
复杂程度	简单	适中	复杂
操作自动化程度	高	适中	适中
操作人员要求	适中	适中	较高
运行稳定性	较好	较差	较差
运行持续性	持续时间较长		
运行方式	间歇	间歇	连续
受可生化性影响	无		较大
整体投资	高	很高	适中
运行费用	较低	适中	适中
土建投资	低	较低	高
处理系统可移动性	强，项目完成后可运至其他项目继续使用		弱
系统调试时间	物化处理，系统调试时间短(15d)		生化处理，系统调试时间短(90d)
系统启动时间	系统随时启动		系统启动时间长
二次污染的产生	主要为浓缩液，回灌至库区，会有一定的富集	蒸发过程会带出大量的有机类污染气体和浓缩液回灌至库区，会有一定的富集	浓缩液回灌至库区，会有一定富集，生化剩余污泥至填埋区填埋处理

4.4.3　野外具体观察和描述内容

点位 1：长山口垃圾填埋场正大门。

点义：垃圾填埋场概况。

内容：由垃圾填埋场工作人员介绍，对照相关现场资料，了解该填埋场的历史沿革、场内总体平面布置、场内生活垃圾来源和成分、现今的垃圾填埋大致流程。

武汉市位于江汉平原东部，长江中游与长江、汉水交汇处。东经 113°41′—115°05′，北纬 29°58′—31°22′。长山口垃圾填埋场位于武汉市江夏区郑店街长山口，地理位置图见图 4-60，填埋场照片见图 4-61。江夏区位于武汉市南部，北与洪山区相连，南与咸宁市咸安区、嘉鱼县接壤，东临鄂州市、大冶市，西与蔡甸区、汉南区隔江相望。江夏是武汉的南大门，素有“楚天首县”之誉。

长山口生活垃圾卫生填埋场一期工程2008年5月开工建设，并于2009年10月实现垃圾进场处理，2017年9月完成项目周边敏感点拆迁工作后顺利完成验收工作。采用卫生填埋处理法填埋生活垃圾，建设垃圾坝、排渗导气系统、截洪沟、截污坝，目前已经填满封场并正在进行复绿工作，占地面积约8.04万m^2，库容约338万m^3，使用年限为3.6年，2013年填满处于封场状态，平均处理规模2100t/d。武汉市长山口生活垃圾卫生填埋场一期工程实施以来，较好地解决了武昌区、洪山区、江夏区等城区生活垃圾的处理问题。

2016年长山口生活垃圾填埋场在场内预留用地内启动二期工程建设工作，该工程于2017年5月开工建设，2018年4月填埋二区工程投入试运营，截至2020年7月，已填埋约216万m^3。采用卫生填埋处理法填埋生活垃圾，建设垃圾坝、排渗导气系统、截洪沟、截污坝，占地面积约7.39万m^2，库容约360万m^3。目前，填埋二区已基本填满。

三期工程总库容333万m^3，有效库容300万m^3。三期工程建设内容主要是填埋三区库区建设、库区基础处理与防渗系统地表水及地下水导排系统、垃圾坝、渗滤液导流系统、填埋气体导排及处理系统、三期工程渗滤液处理系统扩建工程、一期工程原有调节池改造、填埋场配套提升改造等。目前，填埋三区仍有部分没修建好，但已开始进行垃圾填埋工作。

长山口生活垃圾卫生填埋场平面布置图见图4-62。

长山口垃圾填埋场的生活垃圾来源为武汉市管辖的下属13个行政区，根据相关资料，城市生活垃圾成分主要为厨余垃圾、塑料橡胶、纸张、玻璃等，生活垃圾含水率一般为45%～55%，容重为325.23kg/m^3，详见表4-5。

表4-5　生活垃圾成分一览表

序号	种类	所占比例(%)	含水率(%)
1	厨余垃圾	58.94	66.2
2	塑料橡胶	23.76	49.2
3	纸张	10.42	43.2
4	玻璃	6.88	—

现今的生活垃圾填埋工艺流程如图4-63所示。

(1)地磅称重：垃圾车辆沿现有金竹路运输至填埋场进场道路，通过场区计量磅后，沿填埋场现有道路运输至垃圾填埋作业平台。

(2)垃圾卸料(填埋作业区倾倒)：装载垃圾的车辆进入作业区的速度控制在15km/h，车辆至倾卸点，在指挥人员示意后，方可卸料。

(3)分层压实：提高填埋场垃圾的压实密度，增加填埋量。

(4)撒药：减少蚊蝇的滋生和老鼠的繁殖，以及尘土飞扬和臭气四溢。

(5)覆盖：填埋作业完毕后，进行中间覆盖，再进行更上一层的填埋作业。

(6)终场覆盖、绿化：防止填埋场二次污染的一项有效措施。

(7)燃烧/沼气发电：填埋气通过收集导排系统进入火炬焚烧区，处理后排放；如今，将火炬焚烧系统改建为沼气发电系统。

图 4-60　江夏长山口垃圾填埋场地理位置图

图 4-61　武汉环投长山口垃圾填埋场

注：火炬焚烧系统改为沼气发电系统。

图 4-62　填埋场总体平面布置图

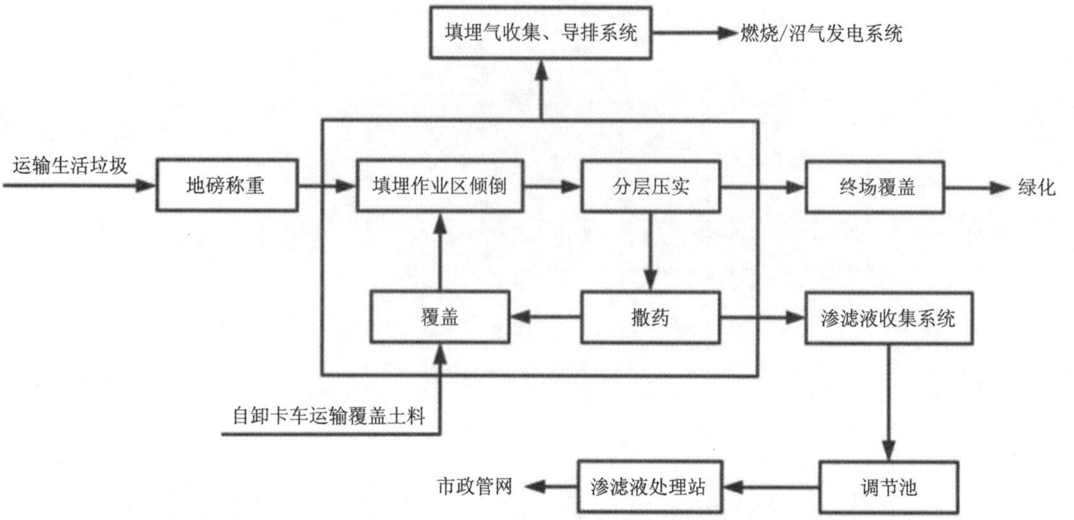

运输生活垃圾 → 地磅称重 → 填埋作业区倾倒 → 分层压实 → 终场覆盖 → 绿化
分层压实 → 撒药 → 覆盖 → 填埋作业区倾倒
撒药 → 渗滤液收集系统 → 调节池 → 渗滤液处理站 → 市政管网
自卸卡车运输覆盖土料 → 覆盖
填埋气收集、导排系统 → 燃烧/沼气发电系统

图 4-63　长山口垃圾填埋场填埋工艺流程

(8)渗滤液处理站：填埋场渗滤液通过收集系统进入调节池，然后进行集中处理。目前场区内的处理系统有：①一期工程渗滤液处理站升级改造工程(处理工艺 A^2/O＋MBR＋纳滤＋管式 RO，处理规模 $300m^3/d$)；②一期工程渗滤液处理站扩建工程[处理工艺渗滤液 MBR＋NF＋RO(已建成，处理规模 $700m^3/d$)＋浓缩液处理系统 MVR(已建成，处理规模 $400m^3/d$)]；③三期工程新建 $300m^3/d$ MVR 渗滤液处理系统；④渗滤液应急处理系统为“两级 DTRO”[$(200+400+300m)^3/d$]。

(9)恶臭气体处理系统：主要用于处理渗滤液处理站内释放的气体(氨、硫化氢、臭气浓度等)。目前场区内主要的处理系统包括：①渗滤液应急处理工程新增“二级碱洗”工艺除臭系统；②一期工程渗滤液处理站扩建工程($700m^3/d$ MBR＋NF＋RO)配套生物滤池除臭系统；③三期工程主要对渗滤液处理系统扩建车间进行集中除臭，拟采用“酸洗＋碱洗＋碱洗＋水洗”工艺对废气进行处理。

点位 2：长山口垃圾填埋场垃圾填埋区。

点义：了解长山口垃圾填埋场的填埋区(图 4-64)各种设置参数、防渗工艺技术和材料、渗滤液及地下水导流系统、填埋气体导排系统、填埋场的封场复绿工程，了解填埋场地的辅助工程的运行情况等。

内容：

1)防渗工程

(1)填埋一、二区。防渗工艺与防渗层结构：均采用 2.0mm 厚 HDPE 膜与 $4800g/m^2$ GCL 复合衬层水平防渗工艺。防渗材料及保护层规格：均选用 2.0mm 厚 HDPE 膜和规格为 $4800g/m^2$ 的 GCL 天然钠基膨润土垫，膜上土布层规格为 $800g/m^2$。

渗滤液及地下水导流材料选择：库底渗滤液及地下水收集导排盲沟中导流材料选用天然卵(砾)石(级配一般为 $d20$～50mm，厚度一般采用 300m)。

图 4-64　长山口垃圾填埋场垃圾填埋区

库底防渗(自下而上):平整基底;地下水导流层,卵(砾)石厚 300mm(d20～50mm);长丝土工布隔离层 200g/m^2;黏土支持层,厚 300mm;GCL(4800g/m^2);厚 2.0mm 光面 HDPE 膜;长丝土工布保护层 800g/m^2;中粗砂保护层厚 200mm;复合七工滤网隔离层;渗滤液导流层,卵(砾)石厚 300mm(d20～50mm);复合土工滤网隔离层;原生垃圾。

边坡防渗(自下而上):平整边坡基底;长丝土工布保护层 800g/m^2;GCL(4800g/m^2);厚 2.0mm双糙面 HDPE 膜;长丝土工布保护层 800g/m^2;废旧汽车轮胎(内填砂石)保护层;原生垃圾。

(2)填埋三区。随着工程技术的发展,用于生活垃圾填埋场的衬层系统也在不断改进,标准不断提高,从单层衬层到复合衬层再到双层衬层甚至多层衬层,防渗性能越来越好,建设标准也越来越高。考虑到一期工程库区出现过防渗渗漏情况,三期工程参照二期工程对防渗系统进行加强设计,防渗结构方案选择双层防渗结构。三期填埋库区采用人工水平防渗,具体防渗结构如下。

场底防渗(自下而上):平整基底;地下水导流层,碎石厚 300mm(d30～60mm);土工滤网 300g/m^2;黏土支持层,厚 500mm;GCL 钠基膨润土(5000g/m^2);厚 1.5mm 高密度双光面 HDPE 膜;厚 5.5mm HDPE 三维复合导电土工排水网;厚 2.0mm 高密度双光面 HDPE 膜;聚酯长丝无纺土工布保护层 800g/m^2;厚 7.5mm HDPE 三维复合土工排水网;渗滤液导流层,卵石厚 400mm(d30～60mm);土工滤网 300g/m^2;填埋垃圾。

边坡防渗(自下而上):平整边坡基底;厚 7.5mm HDPE 三维复合土工排水网;聚酯长丝无纺土工布隔离层 800g/m^2;GCL 钠基膨润土(5000g/m^2);厚 1.5mm 高密度双糙面 HDPE 膜;厚 5.5mm HDPE 三维复合导电土工排水网;厚 2.0mm 高密度双糙面 HDPE 膜;聚酯长丝无纺土工布保护层 800g/m^2;厚 7.5mm HDPE 三维复合土工排水网;土工布袋(内装砂石);填埋垃圾。

2)渗滤液及地下水导流系统

库底渗滤液及地下水收集导排盲沟中导流材料的选择对确保导流的安全畅通十分重要。填埋三区工程地下水导流材料选用天然碎石，厚 300mm，粒径级配 $d=30\sim60$mm；而渗滤液导流材料选择天然卵石与土工网合成材料相结合的导流方案。复合土工排水网铺设于渗滤液导流卵石层下部，由于复合土工排水网强度较大，可与下部的 800g/m^2 土工布保护层一起对土工布下的主防渗膜起到很好的保护作用，防止上部大型机械设备铺设渗滤液导流层时，下部的土工布和主防渗膜被刺穿，影响防渗系统的安全。

填埋三区渗滤液收集导排系统主要由设置在底部防渗层上的反滤层，集液导排主、次盲沟组成。反滤层为在库底防渗保护层上铺设一层 400mm，级配为 $d30\sim60$mm 卵砾石，有不小于 2%坡度坡向集水盲沟；导流层为厚 7.5mm 复合土工排水网；主盲沟采用梯形断面，盲沟内铺设 HDPE 穿孔花管和级配卵石（$d30\sim60$mm），设计 HDPE 穿孔花管管径为 DN400（单位为 mm，后同），主盲沟铺设至分隔坝处，再通过渗滤液抽排泵抽至渗滤液调节池；支盲沟按 50m 间距设置，采用梯形断面，内铺设 HDPE 穿孔花管和级配卵石（$d30\sim60$mm），设计 HDPE 穿孔花管管径为 DN250，支盲沟均按一定坡度与主盲沟连接。

3)填埋气体导排系统

(1)填埋一、二区。填埋气的收集系统由收集井、集气柜、输气管道和抽气泵站等组成。填埋场内产生的气体，借助压差流向特定的收集井，通过输气管道引至集气柜后，再集中输往抽气泵站。富集的填埋气经冷凝脱水后即可供直接火炬燃烧。

填埋气的导出和收集采用竖向收集导出方式，在填埋场内均匀布置立式大口径钢管，在每个钢管外砌筑竖井，当填埋厚度达到 2～5m 时，将钢管向上抽一部分，并继续砌筑，直到填埋场达到设计高度，然后将钢管移走。通过将各竖井用排气管水平连接，实现垃圾填埋与气体回收同步进行。

输气管道设置有控制阀、流量压力检测仪和取样孔，还考虑了冷凝液的排放。输送系统有支路和干路，干路之间相互联系形成闭合回路。井头的管道充分倾斜，集气干管有 3%的坡降，更短的管道系统斜率达到 6%～8%，干管底部设置冷凝液排放阀。

(2)填埋三区。采用主动导排方式进行填埋气体收集导排，采用预设导气石笼和拉拔式集气井，随填埋垃圾增高而拉拔升高的方式收集填埋气。三期工程填埋气经过收集进入拉拔式垂直导气井，然后通过集气支管至移动式集气站，再从集气站通过集气井支管引至集气干管，之后输送至现有项目集气总管，最后由风机抽送至火炬燃烧系统/沼气发电系统。

4)封场复绿工程

建设单位于 2020 年 9 月开展长山口生活垃圾卫生填埋场一期库区阶段性封场复绿工程。一期库区阶段性封场复绿工程主要考虑对长山口填埋场一期库区已达到设计标高的区域进行阶段性封场，封场面积为 2.97 万 m^2，主要包括垃圾堆体整形、封场覆盖工程、填埋气体收集和处理工程、渗沥液导排及处理系统、雨污分流与防洪工程、封场绿化以及一、二期库区间道路等工程内容。

5)排水设施

雨水系统:现有填埋库区外围设置永久性截洪沟,暴雨经永久性截洪沟排至场区外。

污水系统:填埋库区产生的垃圾渗滤液经渗滤液导排管收集至调节池,进入渗滤液处理站进行处理。

排水管网:场内新增渗滤液和生活污水等经场内处理达标后依托现有自建 5km 污水管道后排入“三场合一”管网和市政污水管网排入金口污水处理厂,尾水排入长江武汉段。

6)垃圾坝工程

填埋库区垃圾坝的主要作用是取得初始库容,阻拦垃圾外溢、稳固垃圾堆体、有序引排渗滤液。根据场区地形和填埋工艺要求,垃圾坝建在场区沟谷狭窄处。垃圾坝设计既要保证坝体坡脚的稳定,又要兼顾使库区获得较大的容量。但是坝高不宜过度增加,高度过度增加对库容的增加作用较小,而过高的坝体不仅工程量及投资会成倍增加,还使坝体的安全隐患增大。

填埋三区垃圾坝的设计数据如下。

垃圾坝:采用浆砌块石,坝顶标高 60.00～76.00m,顶部宽度 12.0m,轴线长度 250m,坝有效高度 16.0m,内侧边坡坡度 1∶0.3,外侧边坡坡度 1∶0.3。

分区坝 1:采用黏土坝,坝顶标高 54.00～70.50m,顶部宽度 3.0m,轴线长度 394m,坝有效高度 2.5m,内侧边坡坡度 1∶1.5,外侧边坡坡度 1∶1.5。

分区坝 2:采用黏土坝,坝顶标高 54.00～70.50m,顶部宽度 3.0m,轴线长度 359m,坝有效高度 2m,内侧边坡坡度 1∶1.5,外侧边坡坡度 1∶1.5。

点位 3:长山口垃圾填埋场沼气发电系统。

点义:了解填埋场历史上使用的火炬焚烧系统和现在的沼气发电系统。

内容:

生活垃圾填埋气主要有甲烷、二氧化碳等,还有少量的氨和硫化氢,与沼气成分类似。填埋场之前利用火炬焚烧系统对垃圾填埋气进行处理。现如今,将火炬焚烧系统停用,改建为沼气发电系统。

1)火炬焚烧系统

一期工程建设有 800Nm^3/h 火炬焚烧系统,2019 年 6 月新建一座 4000Nm^3/h 火炬焚烧系统(注:N 指标准条件,即 0℃1 个标准大气压下)。火炬焚烧控制系统根据火焰检测温度,自动调节燃烧空气过量系统,从而使沼气的燃烧最佳化,排放的烟气可以满足严格的烟气排放标准。该装置的燃烧室内衬陶瓷材料。当填埋场沼气收集系统的压力达到设定值时,该装置马上启动投入运行,点火由自动点火装置完成,当点火装置故障情况下填埋气采用直接排放;同时,火炬系统设有沼气浓度在线监测仪,为避免沼气发生爆炸,当沼气浓度过高或过低时填埋气直接排放。自动控制系统可对电子点火程序和火焰的检测进行控制。

2)沼气发电系统

沼气发电系统(图 4-65)建设 8 台燃气内燃发电机组以及填埋气预处理设施、余热利用设施、尾气处理系统等配套设施,发电装机总容量 8MW,预计每年可消耗填埋气 3000 万 m^3、发电 5000 万度(1 度＝1kW・h)。

按照“雨污分流”原则建设项目排水系统。项目生活污水经自建化粪池预处理，与余热利用锅炉系统排水一并达到《污水综合排放标准》(GB 8978—1996)表 4 规定的三级标准要求后，排入长山口填埋场现有渗滤液处理站；项目填埋气冷凝废水直接排入长山口填埋场现有渗滤液处理站。各类废水经处理达标后排入金口污水处理厂进一步处理。

填埋气经“干法脱硫＋初级过滤器＋除湿单元＋精密过滤器”预处理后，送至燃气内燃发电机组；燃气内燃发电机组燃烧废气经 SCR 脱硝装置处理后通过排气筒高空排放，外排废气参照执行《锅炉大气污染物排放标准》(GB 13271—2014)表 3 中的特别排放限值要求[其中逃逸的氨气执行《恶臭污染物排放标准》(GB 14554—93)表 2 中的限值要求]。

点位 4：长山口垃圾填埋场调节池。

点义：了解填埋场调节池的设计要点、改建工程。

内容：

长山口卫生填埋场现有工程采用了目前较可靠的简易调节池加盖系统，即 HDPE 膜浮盖系统(图 4-66)，阻隔池内恶臭气体的散发，保护场区工作人员的身体健康和周边居民的生活环境。浮盖设计要点如下。

(1)垃圾渗滤液调节池从池面到边坡设计为全封闭的 HDPE 膜浮盖系统。

(2)沿调节池对角线将 4 根 DN200 HDPE 重力压管(内填中粗砂)设置在浮盖膜的表面，当调节池水位上升时，通过重力的作用保持膜表面自然贴于水面，并使膜表面保持平直和张紧，可确保在池内任何水位都能正常运行。

(3)在调节池周边浮盖膜以下部位，设置 DN110 HDPE 集气穿孔花管，收集池内的气体，利用导气管将气体引至火炬系统处理后达标排放。

(4)在浮盖膜表面配备两套小型水泵系统，降雨时，通过水泵将膜表面雨水抽排至池外，避免雨水与池内污水混合。调节池采用土坑土工膜防渗结构形式阻止调节池内渗滤液渗出池外，调节池内按防渗要求《聚乙烯(PE)土工膜防渗工程技术规范》(SL/T 231—98)进行防渗膜的敷设，并根据抗浮处理要求，在调节池底部设置地下水导排系统。

一期工程原有调节池池容 35 000m^3，暂未进行有效分隔。填埋三区建设中，将在调节池内建设隔墙，隔墙建设避开原地下水导排管，隔墙总长约 86m，顶部标高 48.00m，宽度 1.0m，底部标高 33.50m，底板宽度 13.0m。

点位 5：长山口垃圾填埋场渗滤液处理系统。

点义：了解垃圾渗滤液处理工艺流程、参数及排放要求，了解渗滤液处理站恶臭气体处理措施等。

内容：

垃圾填埋场污水包括生活垃圾渗滤液、车辆清洗水、生活污水，生活污水经化粪池预处理后会同生产废水通过管道提升至渗滤液调节池，垃圾渗滤液和清洗水经管道收集至渗滤液调节池，然后运输至渗滤液处理站集中处理，出水水质执行《生活垃圾填埋场污染控制标准》(GB 16889—2008)表 2 中的规定，排放至市政管网。

目前填埋场内共有 4 种渗滤液处理系统。

图 4-65　沼气发电系统

图 4-66　调节池

1)一期工程渗滤液处理站升级改造工程

处理工艺 A^2/O+MBR+纳滤+管式 RO(图 4-67),处理规模 300m^3/d。一期工程渗滤液处理站按 300m^3/d 的处理规模进行提标升级改造,在尽可能利用现有设施设备的基础上,处理工艺为:经升级改造的 MBR 系统串联纳滤 NF+管式 RO 系统。

2)一期工程渗滤液处理站扩建工程

处理渗滤液工艺为 MBR+NF+RO(图 4-68),处理规模 700m^3/d。

处理浓缩液工艺为 MVR(图 4-69),处理规模 400m^3/d。

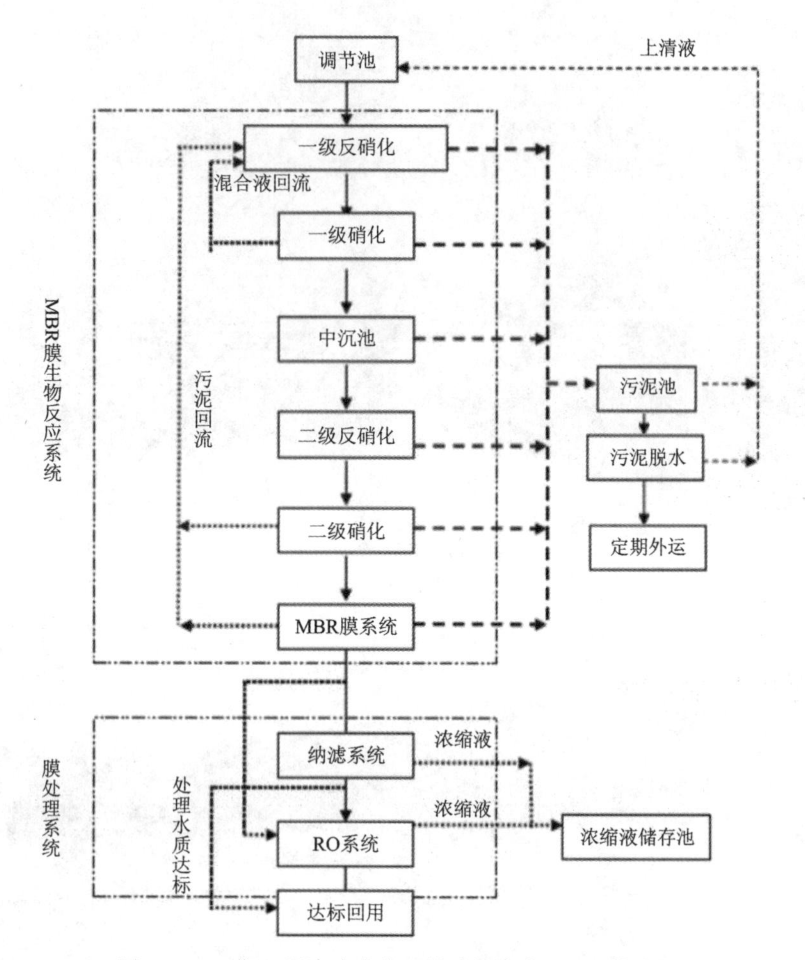

图 4-67　一期工程渗滤液处理站升级改造工程工艺流程

2019 年，考虑到二期工程投入使用长山口生活垃圾填埋场内渗滤液产量激增及填埋场内积存浓缩液处理问题，建设单位启动一期工程渗滤液处理工程扩建工程。扩建工程新增渗滤液处理规模 $700m^3/d$，采用“MBR＋NF＋RO”处理工艺；浓缩液处理规模 $400m^3/d$，采用机械蒸发再压缩(MVR)工艺。

$400m^3/d$ 浓缩液处理系统总体工艺可以分为预处理系统、MVR 蒸发系统、洗气系统、干化系统及配套废气处理系统。

3)三期工程渗滤液处理系统扩建工程

新建一处处理规模为 $300m^3/d$ 的“MVR 低温机械蒸发”工艺渗滤液处理站。

4)渗滤液应急处理工程

处理系统共 3 个应急处理工程，处理工艺均为两级 DTRO(图 4-70)，处理规模分别为 $200m^3/d$、$400m^3/d$、$300m^3/d$。

渗滤液应急处理工程配套建设有臭气收集除臭系统，采用“二级碱洗”工艺(图 4-71)，收集密闭加盖的浓缩液池、储泥池中的恶臭气体，通过风管收集系统送至除臭设备处理达标，设计风量为 $5000m^3/h$，处理效率为 85%，经 15m 高排气筒排放。

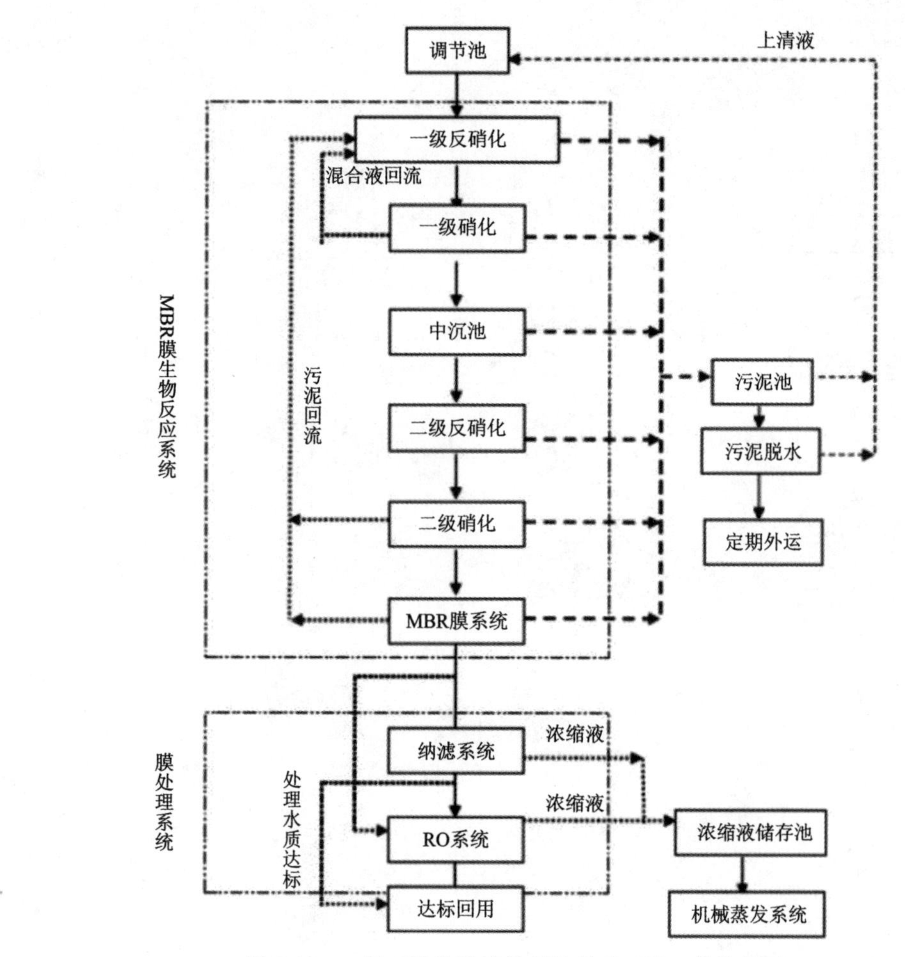

图 4-68　一期工程渗滤液处理站扩建工程工艺流程图

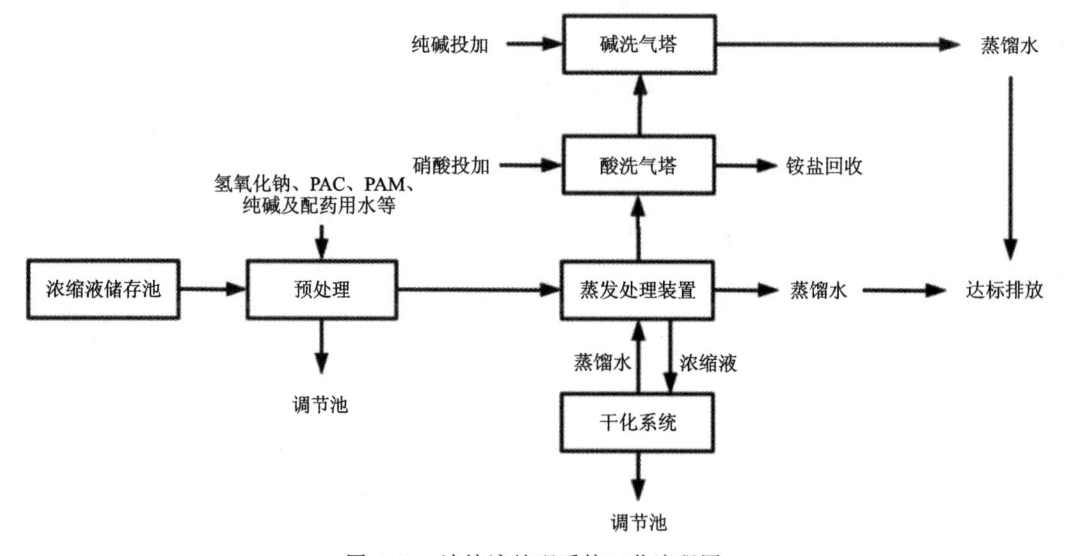

图 4-69　浓缩液处理系统工艺流程图

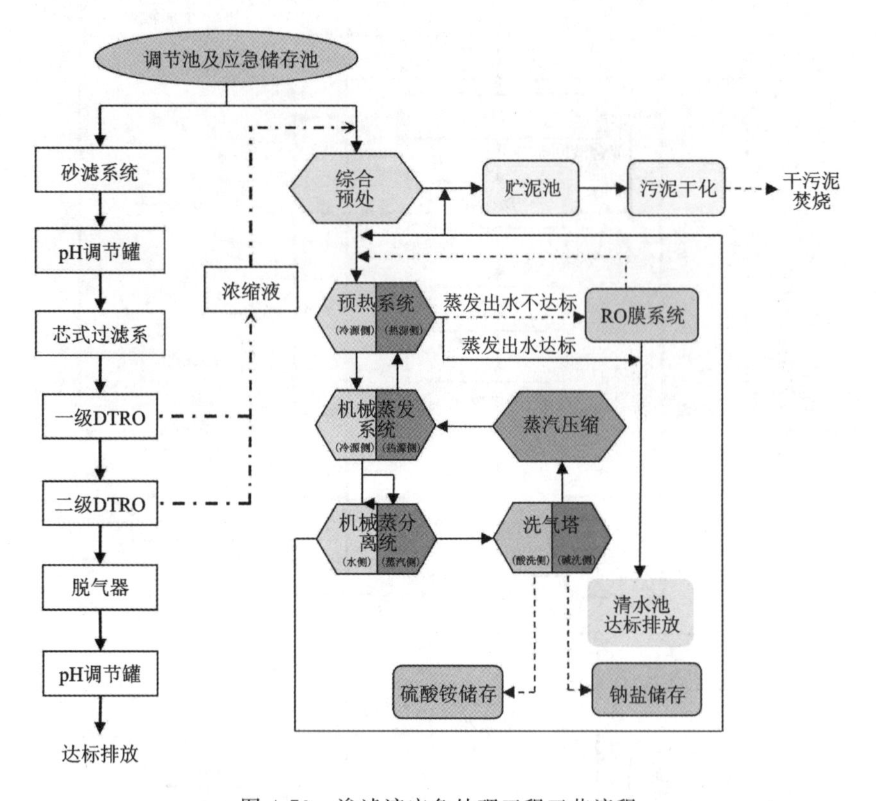

图 4-70　渗滤液应急处理工程工艺流程

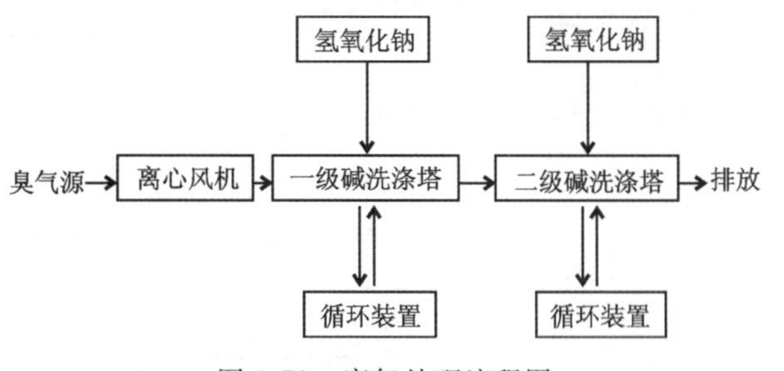

图 4-71　废气处理流程图

碱洗涤塔：碱液洗涤主要由碱洗塔、填料、循环水箱、循环水泵、加药泵和喷淋装置组成。碱洗采用氢氧化钠药剂，药液在填料表面形成均匀的液体薄膜，当异味分子和微小粉尘通过填料层时被填料上的液体薄膜拦截、阻滞，从气相转移到液相，与化学洗涤液发生反应；或直接与雾化药液接触反应，异味气体中的甲基硫、硫化氢、二甲基硫、低级脂肪酸等与氢氧化钠和次氯酸钠发生快速中和反应和氧化还原反应。喷淋泵不断循环，新的药液替换已经反应过的盐。生成的盐类沉淀在碱洗塔的底部，定期排除。

设两级碱洗涤塔，强化本项目处理效果。洗涤塔脱臭具有下述工程特点：①对硫化氢、氨等去除率极高；②结构简单，便于施工，处理构筑物少；③设备需求少，操作管理简单，维护费用极低。

扩建工程新增渗滤液处理"MBR+NF+RO"工艺 700m³/d,配套建设有臭气收集除臭系统(图 4-72),采用生物过滤除臭工艺,收集密闭加盖的生化组合池的反硝化池、浓缩液池、污泥脱水间的恶臭气体,通过风管收集系统送至生物滤池除臭设备处理。除臭后的气体经一根 15m 高排气筒高空排放。

图 4-72　渗滤液处理系统

4.4.4　教学方法

采用实地考察和老师讲解结合的形式,帮助学生了解认识垃圾填埋场的设计和使用。

4.4.5　野外实习后的总结和思考

通过垃圾填埋场实习路线,参考实习指导书及时整理实习内容并形成《生活垃圾填埋厂路线实习报告》,实习报告应包含以下内容:

(1)实习目的和内容;

(2)武汉市江夏区长山口生活垃圾填埋场地概况;

(3)防渗处理工艺系统及其材料选择;

(4)武汉市江夏区长山口生活垃圾卫生填埋工艺类型及其建设参数;

(5)渗滤液及垃圾填埋气收集处理系统;

(6)实习体会与总结。

4.5　江夏灵山矿山生态修复公园

4.5.1　基本任务

(1)认识矿山开采造成的生态破坏形式,了解露天开采和地下开采破坏的不同;

(2)掌握生态与生态系统的概念,了解生态修复的基本概念和基本原理;

(3)了解矿山生态修复的多种技术及其适用条件；

(4)结合灵山矿山生态修复实际，认识矿山生态修复的各个技术环节、技术形式、技术实际应用，以及修复的生态效果和社会、经济效益。

4.5.2 出野外前的知识储备

4.5.2.1 矿山生态恢复基本概念与原理

1)生态环境与生态系统概念

生态是指生物在其生活过程中与环境的关系。生态环境(简称生境)是指由生物群落及非生物自然因素组成的各种生态系统所构成的整体，主要或完全由自然因素形成，并间接地、潜在地、长远地对人类的生存和发展产生影响。把对植物有影响的，直接作用于植物生命过程的那些环境要素称为生态因子，又称生态因素，分为非生物因子、生物因子和人为因子三大类。①非生物因子主要包括气候因子(如光照、温度等)、水分因子和土壤因子等。②生物因子主要指植物之间的机械作用、共生、寄生、附生，以及动物对植物的摄食、传粉和践踏等。③人为因子包括人类的垦殖、放牧和采伐，以及环境污染等，是一类非常特殊的因子。生态系统是指在一定空间范围内，生物群落与其非生物环境，通过能量流动、物质循环、物种流动、信息传递而形成相互作用、相互依存的动态复合体。简单而言，生态系统就是在一定空间内生物群落及其非生物环境组成的具有一定功能的整体。生态系统不仅在空间上是一个地理单元，而且还是一个功能单元，既有能量、信息的传递，又有物质和物种的动态过程。任何一个自然生态系统都是开放系统，都具有输入和输出的过程，进而维持其平衡状态。

2)矿山开采对生态环境的影响或破坏

我国是一个矿山大国，有着近 3000 年的采矿历史，可以说矿山采矿史就是人类文明的发展史。矿山开采方式有露天、地下、露天-地下联合开采等，不同的开采方式对生态的破坏也有所不同。露天开采的破坏形式主要有地形地貌景观破坏、植被及其生态破坏、土地资源破坏、地表水资源破坏等，并伴有崩塌、滑坡、泥石流、水土流失等地灾隐患；地下开采的破坏形式主要有地下水资源破坏、土地资源破坏、植被及其生态破坏等，并伴有地面塌陷(沉降)、地裂缝等地质灾害。矿山开采造成的生态变化(破坏)，我们称之为破损生态系统或退化生态系统，是指生态系统在人为干扰下某些要素或系统整体发生不利于生物和人类生存的变化，其生态系统的结构和功能遭到破坏。我们修复的对象就是受损生态系统。

3)生态修复概念与原理

人们对于生态修复的概念至今并无统一的认识，经常将其与“生态恢复”混用。与生态修复相关的几个概念：①恢复，是指受损状态恢复到未被损害前的完美状态的行为，是完全意义上的恢复，既包括回到原始状态也包括完美和健康的含义；②修复，被定义为把一个事物恢复到先前的状态的行为，含义与恢复相似，但不包括达到完美状态的含义；③改造，是 1977 年在对美国露天矿山治理和复垦法案进行立法讨论时被定义的，它比完全的生态恢复目标要求要低，是产生一种稳定的、自我持续的生态系统。国际生态恢复学会对生态修复(1996)的定义是：帮助研究恢复和管理原生态系统的完善性的过程，这种生态整体包括生物多样性的临界变化范围、生态系统结构和过程、区域和历史内容以及可持续的社会实践等。生态修复就是让一个受损的生态系统回到原来的发展轨迹上。

生态修复的理论基础包括基础生态学、恢复生态学和景观生态学理论。基础生态学理论主要包括限制因子原理、生态系统的结构理论、生态适宜性理论和生态位理论、生物群落演替理论、生物多样性理论等。恢复生态学理论以自我设计和人设计理论为主。自我设计理论认为,只要有足够的时间,随着时间的进程,退化生态系统将根据环境条件合理地组织自己并会最终改变其组分。人为设计理论认为通过工程方法和植物重建可直接恢复退化生态系统,但恢复的类型可能是多样的。景观生态学是研究景观单元的类型组成、空间格局及其与生态学过程相互作用的综合性学科,注重人类活动对景观格局与过程的影响,通过结构格局的配置、时间尺度与空间尺度的耦合进行生态系统的修复工程设计。需要注意的是,生态修复只是自然恢复过程的一个补充,不能代替自然恢复过程,人类只能协助而不能主导自然恢复过程。

Hobbs 和 Norton(1996)认为生态修复的目标包括:建立合理的内容组成(种类丰富度及多度)、结构(植被和土壤的垂直结构)、格局(生态系统成分的水平安排)、异质性(各组分由多个变量组成)、功能(诸如水、能量、物质流动等基本生态过程的表现)。实际上生态修复的目标应该分为长期的和近期的,并可以分为以下 4 个方面:①恢复极度退化的生境;②提高退化土地上的生产力;③在被保护的景观内去除干扰以加强保护;④对现有生态系统进行合理的利用和保护,维持其服务功能。相应地,需要对已经完成的生态修复工程的效果进行必要的评定,但目前尚无统一的评定指标和标准,一般从以下几个方面进行:①新系统是否稳定,并具有可持续性;②系统是否具有较高的生产力;③土壤水分和养分是否得到改善;④组分之间相互关系是否协调;⑤所建造的群落是否能够抵抗新种的侵入。

4.5.2.2　矿山生态修复技术方法

1)挂网喷播技术

挂网喷播(生态复绿)技术采用特定的植被基材配方,对岩石边坡进行防护和绿化。挂网喷播技术的工程特征是在岩体上铺上镀锌铁丝或塑料网,并用锚钉和锚杆固定,并将根据边坡地理位置、边坡角度、岩石性质、绿化要求等,确定水泥、土、腐殖质、保水剂、混凝土绿化添加剂及混合植绿种子按一定比例组成的植被基材原料,经搅拌后由常规喷锚设备喷射到岩石坡面,形成一定厚度的植被混凝土。这项技术可在公路、铁路、水利、矿山等无植生条件,靠自然力量很难恢复原有生态平衡的环境应用,在确保坡面稳定的前提下,起到恢复生态环境的作用。

2)鱼鳞坑技术

鱼鳞坑技术是工程措施和植物措施相结合的一种生态修复方法,是从坡顶开始,自上而下沿等高线呈“品”字形设置的半圆形坑穴,是地形破碎条件下造林整地的重要方式。它具有多方面的作用,可以分层次拦截坡面径流、减少坡面径流长度;调节坡面径流的流速和流量,以减弱其冲刷力;分散坡面径流,避免径流的集中,使坡面径流深度控制在一定数值内;控制泥沙的输出,使坡面产生的泥沙就地入坑,既减小泥沙固体的对坡面的冲刷,又减小坡面泥沙的输出量,保住表层优质土壤不被流失。当降雨强度大且历时长时,上坡来水量超过鱼鳞坑的单坑容积而发生漫溢，由于坑的埂中间高两边低，这样就保证了径流在坡面往下流动时不是直线和沿一个方向运动，因而避免了径流的集中而产生的沟蚀。同时，坡面径流在层层相间的鱼鳞坑节节调节下，冲刷力不断减弱，对地表土壤的冲刷力减弱。鱼鳞坑的作用是保证树木的成活，由林木植被作为水土保持设施而长期发挥作用。鱼鳞坑技术施工简单，采用人工直接刨挖，表土回填，生土培埂，就地取材，方便快捷。在拦蓄地表径流、保持水土、促进林木生长等方面作用比较显著，因此得到广泛应用。

鱼鳞坑的施工方法是沿地形等高线排列，自上而下交错修筑的状似鱼鳞一样的坑穴。呈“品”字形布设，挖坑时，先将表土堆于坑的上方或左右，把心土堆于坑的下方筑埂，围成月牙形，鱼鳞坑一般坑长1～2m，中间宽50cm，深50cm，回填表土约20cm。鱼鳞坑下方垒成半圆形埂，埂高一般在30cm。筑埂时应将埂踏实，左右坑距1m，上下坑距1.5m，呈“品”字形，按照不同的平面布置方式，每亩地内配置150～600个坑不等，坑中植植被小苗，可采用乔灌木混交的栽植方法，坑外植草。

3)生态袋技术

在矿山边坡治理的工程实践中，生态袋技术是目前较为常用的技术。生态袋又叫植生袋，是一种在植被绿化、护坡中用来装填基质的袋子。理想中的袋子必须具备强度高、耐腐蚀、抗紫外线、抗老化、无毒、裂口不延伸、稳固性好等特点，并且必须要求具有目标性透水不透土的过滤功能。该技术既能防止土壤和营养成分混合物的流失，又能实现水分在土壤中的正常交流，减小边坡的静水压力，保证植物生长所需水分得到及时补充。袋子对植物生长具有较好助力，能够使植物正常穿过袋体，从而为植物提供光照、CO_2等生长必需的条件。目前施工中所采用的生态袋大多都是由聚丙烯纤维或聚酯纤维等土工合成材料制成，在经过对袋子的厚度、单位质量、物理力学性能、外形、纤维类型、受力方式、受力方向、几何尺寸和透水性能及等效孔径等指标的测试后，其在一定程度上满足了上述要求。

4)阶梯台阶法

阶梯台阶法，又称梯级爆破法(以下简称台阶法)，即将石壁开采面设计为阶梯形，由设计开挖线内向逐级分台进行爆破，自上而下形成台阶，并在台面外侧修筑支挡墙及支挡桩，然后加客土、肥料，栽树种草。台阶法能够改变微地形，缩短坡长，改变地面坡度和径流系数，增大持水量，促进降雨的就地入渗，避免了径流的产生，减少径流量和泥沙量，且为植被复绿提供良好平台。该方法在我国广泛运用，可以有效解决裸露岩壁水土保持效果不佳的问题。

该方法的施工主要是根据边坡的基本情况设计每级坡面的坡长和坡高，将整个边坡开采面设计为阶梯形，确定开挖线，由设计开挖线向内，逐级分台进行爆破，自上而下形成台阶，再在台面外侧砌一高度80cm左右的浆砌石墙，每级台阶设定3～5个排水沟，然后填加客土、肥料，台阶内土壤填充为向内倾斜5°左右的倾斜坡面，栽树种草。

5)植物地境再造法

植物地境再造法由中国地质大学(武汉)的科研人员提出，是以生态地质学理论为基础，综合系统科学、植物生态学、植物栽培学、水文地质学、地质工程学科而提出的一种适用于高陡岩质边坡的复绿新技术，意为运用人工的方法在岩体上塑造适合植物生长的地境，使植物能够具有自我生长、自我选择的能力，其理念是“尊重自然，效法自然，回归自然”。

地境再造技术不同于其他复绿方法，更强调植物与岩体的有机结合、回归自然，该技术具有以下特点。

(1)依势而行，尊重自然。高陡边坡复绿原则之一应该是顺应自然，即地形改造是在矿山开采、道路建设中已经进行的工作，复绿则应是在消除地质灾害隐患的基础上，尽可能少地减小甚至不改变地形的已有形态。地境再造技术即是在根据现有地形条件基础上依势而行，充分尊重自然；同时考虑在自然条件下植被长久演替所造就的优势群落和优势物种，尽可能以当地种为主进行植被恢复，适当地从景观搭配、物种丰富的角度引种外来种。

(2)塑造地境，效法自然。植被的自然恢复需要相当长的时间，在某些地区甚至是不可恢复的，所以辅以人工手段是非常重要的，但是在任何情况下人工辅助都仅仅是辅助而不是主体，即植被恢复最终还是要依靠植物的自身适应能力、竞争能力。地境再造技术即是在效法植物自然地境的基础上，以人工手段塑造植物所需要的地境条件，遵循植物的自然法则，在提供其最基本的地境条件基础上，又不过分地干涉植物的自然演替过程。

(3)自我生长，回归自然。任何复绿工程都是短期的，但植物生态系统的恢复必然是长期的，即无论什么工程都不可能只是看眼前利益和短暂效果，所以植物回归自然是最终目标。这也是地境再造技术提出的初衷和追求的目标，该技术力争使植物和边坡岩体融为一体，适应边坡环境，从边坡获得其生存、发展所需的水分、养分，达到植物、边坡的完全结合，不仅实现边坡景观的自然化，更能实现植物的自然化，回归自然、自然生长。

(4)乔灌结合，景观协调。边坡复绿，恢复的不仅仅是植被生态系统，同时恢复的也是自然景观。而且一般需要复绿的边坡均处于城市周边或道路两侧，在某种程度上景观比生态恢复更重要，所以地境再造技术在注重植物的生存条件的同时，也考虑了植被与周围景观的协调问题，如边坡植被物种选择既有常绿植物，也有落叶乔灌木，还有不同季节不同开花期的植物，同时也考虑岩壁的个别露白，营造与自然协调、色彩绚丽、四季有景的恢复效果。

(5)施工方便，成本低廉。地境再造技术一切以自然为导向，顺应自然、效法自然，在施工过程中同样如此，不需要大型的机械，也不需要过多的后期养护、过大的植物种苗，这就使得该技术施工方便，且成本低廉。

6)浆砌片石骨架植草护坡技术

浆砌片石骨架植草护坡是指在修整好的边坡坡面上砌筑片石形成网格骨架后，在网格内铺填种植土，然后在网格内种植植物的一种边坡生态修复措施。该技术所用骨架受力结构合理，砌筑在边坡上能有效地分解坡面雨水径流，减缓水流速度，防止坡面冲刷，保护植物生长。该技术施工方法简单，外观齐整，造型美观大方，具有边坡防护和生态修复的双重功效。该技术适用于各类土质边坡、强风化岩质边坡，尤其是在填方边坡的防护中应用较多。适宜的边坡坡度一般为 1∶1.0～1∶1.5，坡高不超过 10m，且必须是深层稳定边坡。

7)植被混凝土生态防护技术

该技术由三峡大学科研技术人员开发，是集岩石工程力学、生物学、土壤学等学科于一体的综合环保技术。该技术根据边坡地理位置、边坡角度、岩石性质、绿化要求等确定护坡基材中的水泥、土、有机质、保水剂、长效肥、混凝土绿化添加剂及混合植物种子等各组分比例，技术的核心是混凝土绿化添加剂。

该技术的施工要点为：在岩体面上铺上铁丝或塑料网，并用锚钉和锚杆固定；将植被混凝土搅拌后，用常规喷锚设备喷射到岩石坡面，形成近 8cm 厚的植被混凝土基层（不含植物种子）；随后喷射约 2cm 厚的植被混凝土面层（含植物种子）；喷射完毕后，在坡面覆盖无纺布防晒保墒，水泥在短时间内就能使植被混凝土形成具有一定强度的防护层；经过一段时间养护，植被就能够覆盖坡面，对边坡起到良好的生态修复效果。

4.5.3 野外具体观察和描述内容

点位 1：修复区东北部植物修复区。

点义：了解修复区的植物物种选择及其类型和特点。

内容：

1)生态修复植物物种选择

在物种选择方面要遵循以下原则：①乡土种原则，即优先选择本地物种，其适应性强、成活率高；②耐受性强的植物，优先选择耐旱、耐盐、耐贫瘠的物种，因为修复区生境恶劣，对植物的胁迫性较强，只有那些耐受性强的物种才有可能更好地适应；③景观优美原则，绝大部分修复区的目标都是在生态功能得到修复的前提下，还要求具有一定的景观功能，所以在选择物种时适度考虑那些树形优美、四季常绿、花开芬芳的物种；④考虑经济效益原则，在一些矿山生态修复区，物种选择可以考虑经济林，在恢复生态的同时又兼顾了经济效益，如种植花椒、核桃、柑橘等；⑤物种多样性原则，生态修复的目标之一是实现物种的多样性，所以在选择物种时必须考虑不同物种的习性，在种植时注意不同物种的搭配。

2)实习区的物种类型及特点

在整个修复区内物种较丰富，主要以景观物种为主，这与修复的目标是一致的，即建成生态旅游区。行道树以银杏、栾树、二球悬铃木、樱花、玉兰为主，其他区域分布有松树、朴树、刺槐、枫树、碧桃、樱花、梅花、山楂、柑橘、桂花等乔木物种。灌木以紫穗槐、迎春、连翘、胡枝子、金银花等物种。草本以高羊茅、狗牙根等物种为主。随着时间的推移，本地种逐步入侵，如构树、桑树、樟树、牛筋草、紫马唐等。

点位 2：土地复垦区。

点义：了解土地复垦的作用和意义。

内容：土地复垦，是指对生产建设活动和自然灾害损毁的土地，采取整治措施，使其达到可供利用状态的活动。土地复垦的广义定义是指对被破坏或退化土地的再生利用及其生态系统恢复的综合性技术过程；狭义定义是专指对工矿业用地的再生利用和生态系统的恢复。土地复垦是矿山生态修复的主要目标和内容之一，是将被矿山开采破坏的耕地资源恢复成具有生产功能的耕地资源，重新耕种。土地复垦的关键在于两点：一是复垦土壤的选择，既要保证一定的肥力，又要是熟土（经耕作熟化后的土壤）；二是覆土的厚度问题，太薄不能满足农作物生长需求，太厚增加复垦成本。一般耕地复垦要求覆土厚度在 50cm 以上即可。

修复区内一期工程通过挖高填低平整土地、覆土再造，完成耕地指标 700 亩，园区管理部门在春季播种油菜花，每当开花季节大批游客闻名而来，景观效益和经济效益明显；夏季播种大豆，产生经济效益。

点位 3：地形地貌景观重塑区。

点义：观看地形地貌重塑工程。

内容：地形地貌景观重塑是矿山生态修复的主要内容之一，目的是将采矿造成的满目疮痍的裸露岩体改造成具有生态景观功能的地貌。重塑的理念是宜山则山、宜地则地、宜水则水、宜林则林，在尊重自然、顺应自然的前提下进行地貌重塑。

灵山修复区内经过地貌重塑，原来的岩体裸露、坑洼不平等现象不复存在，现在呈现出一片错落有致、形态自然、山清水秀、生态优美的画卷(图 4-73)。

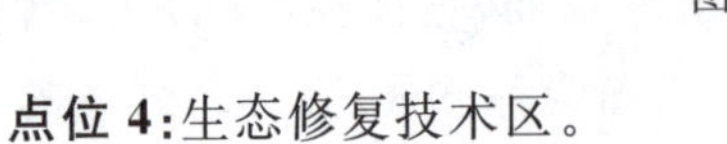

图 4-73　重塑后的优美地貌

点位 4：生态修复技术区。

点义：了解学习灵山生态修复区的生态修复技术。

内容：灵山生态修复区内应用的技术主要有挂网喷播技术、阶梯台阶法、鱼鳞坑技术等。挂网喷播区在园区内水体北侧山坡，该处原为裸露的岩质边坡，坡度在 25°～40°之间，寸草不生，景象破败。经生态修复后，目前山坡绿植遍布，生机勃勃，以刺槐、胡枝子、高羊茅等物种为主。阶梯台阶法修复区在园区内水体东侧山坡，原来是坡度在 50°以上的裸露岩体，岩体稳定性差，有明显的地灾隐患，经过台阶法整治后，形成三级宽度在 20m 左右的三级台阶，整体坡度低于 20°，不仅地灾隐患消除，而且重造了数百平方米的耕地。鱼鳞坑技术在园区内多处可见，特别是在山楂林区，在基岩出露处，因势再造植物地境，在较小范围的裂隙发育造就鱼鳞状的植物栽种穴，填土植树，变裸露山体为绿树成荫的奇观。

点位 5：生态景观设计再造区。

点义：观看生态景观设计再造区，学习生态修复理念。

内容：借势造景，以景促游，实现生态修复与旅游经济的双赢是灵山矿山生态修复区的重要特色之一。矿山生态修复的景观设计必须以生态修复为基础，生态修复可以实现景观的再现，二者是相辅相成的。灵山矿山生态修复区以观花(梅花、樱花、迎春、连翘等)、观叶(枫叶)、观果(柑橘、山楂)、观树(桂花)、观水(瀑布、流水)为特色进行生态景观的设计与再造，实现了生态修复与景观旅游的双赢局面，以“孤独的树”为代表的网红景点已经小有名气(图 4-74)。

点位 6：地质灾害隐患治理区。

点义：实地观察地质灾害隐患治理区，学习地质灾害治理手段。

图 4-74 “孤独的树”与瀑布景观

内容:矿山开采造成的地灾隐患主要有崩塌、滑坡、泥石流、地面塌陷等。灵山采矿区内的地灾隐患主要是崩塌,岩体呈现不稳定状态,可能会造成人员生命和财产的损失。另外在局部山体上还存在一些危岩体。地质灾害的治理手段多样,作为小规模的危岩体来说最简单的就是直接清理,消除隐患,园区也是这样做的;作为具有一定规模、清除困难的危岩体,则需要采取必要的工程手段进行治理,包括锚固工程(锚索、锚杆等)和拦挡措施、柔性防护等。园区内的崩塌灾害点在水体南部的高陡岩体,具有大面积的临空面,坡度在 70°以上,高度在 30m 左右。根据勘查成果,本灾点采取了柔性防护和锚索锚固两种方式,保证了岩体的稳定(图 4-75)。

图 4-75 柔性防护工程和锚索工程

点位 7:效益分析。

点义:认识生态修复所带来的环境和经济效益。

内容:生态修复除追求良好的生态效益外,对于环境效益与经济效益同样有清晰的追求,尤其在地方政府财政资金投入严重不足的情况下更是如此。灵山矿山生态修复实现了生态、环境、经济、社会效益的完美统一(图 4-76、图 4-77)。而且作为生态旅游区,该地已在 2023 年 4 月开园接待游客,产生直接经济效益。

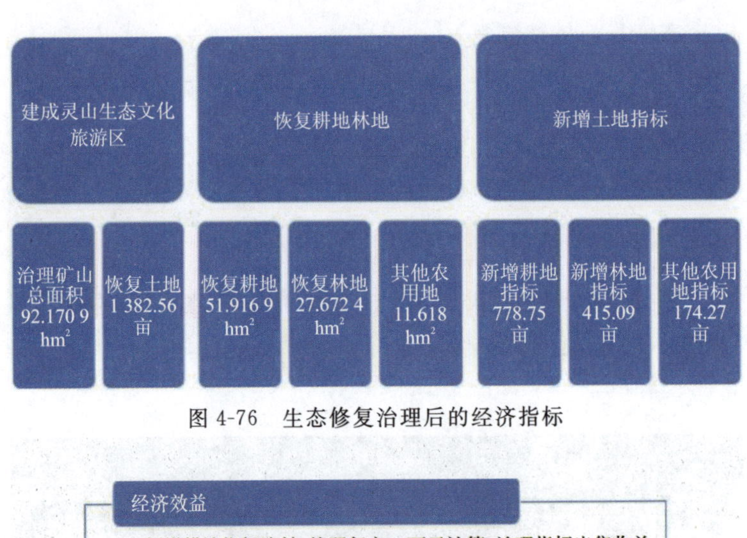

图 4-76　生态修复治理后的经济指标

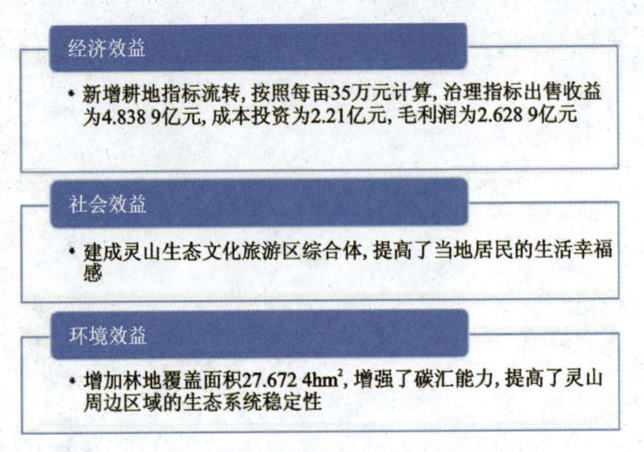

图 4-77　生态修复治理后的各项效益指标

4.5.4　教学方法

采用教师讲解、资料展示和实地考察的方式，来学习认识生态修复公园的相关技术和方法理念。

4.5.5　野外实习后的总结和思考

(1)阐述生态、生态系统、生态修复的概念。

(2)如何实现矿山生态修复的一体化设计与多项指标的统一？

(3)你了解哪些矿山生态修复技术？它们各自的适用条件是什么？

4.6　黄石矿山生态修复公园

4.6.1　基本任务

(1)了解大冶铁山矿床的矽卡岩型矿床特征及成因；

(2)掌握矿山开采主要环境地质问题；

(3)掌握矿山生态恢复与植物修复；

(4)学习大冶铁矿悠久历史与领悟习近平生态文明思想。

4.6.2 路线地质背景与矿山生态恢复背景知识

4.6.2.1 大冶铁矿开采历史与国家矿山公园建设

黄石市地处长江中游，矿产资源丰富，素有“江南聚宝盆”之称，其中大冶铁矿是黄石矿山产业链中非常重要的一部分，距今已有1700多年的历史，是中国第一座机械开采的大型露天铁矿(图4-78)。

图4-78 大冶铁矿

大冶铁矿以其独具特色的接触交代型(大冶式)矿产地质遗迹、规模宏大的露天矿采场、辉煌灿烂的矿山历史文化而成为环太平洋构造成矿带内矿业遗迹资源之瑰宝。早在1890年大冶铁矿就作为湖广总督张之洞兴办汉阳铁厂的原料基地、汉冶萍公司的一个重要组成部分建成了中国第一座机器开采的大型露天铁矿。大冶铁矿1955年开始动工重建，1958年7月1日投产以来，最高年产铁矿石500余万吨，累计剥离废石3.7亿多吨，采出矿石11 261.23×10^4t，铜超过33.89×10^4t，黄金超过13 874.43kg，白银超过195.37kg。

20世纪90年代，大冶铁矿石储量有限，产量递减至100多万吨。因此把大冶这个曾是中国第二钢都的原料基地、毛泽东生平视察过的唯一铁矿山建成国家矿山公园，不仅能使矿区生态环境得到有效的恢复治理、多处珍稀级矿业遗迹得到长久的保护，而且对铁山地区经济转型和人员安置也具有重要的实际意义。为了实现大冶铁矿的可持续发展，并展示其悠久的历史和丰厚的文化底蕴，在整合世界第一高陡边坡、亚洲第一硬岩复垦林的基础上，兴建黄石国家矿山公园(图4-79、图4-80)。黄石国家矿山公园是基于植被恢复与生态建设的目的，以著名的大冶铁矿矿区为主体景区，2005年在矿山废弃地上建设起来的具有人文景观的公园，为中国首批、湖北省唯一的国家矿山公园。党的十九大报告中明确提出要加快生态文明体制改革，建设美丽中国。在国家立法重视环境保护的背景下，“绿水青山就是金山银山”的绿色发展理念已经渐渐深入人心。党的二十大报告进一步提出推动绿色发展，促进人与自然和谐共生。黄石国家矿山公园践行绿水青山就是金山银山的理念，通过生态修复，在挖掘矿坑堆成的岩石山上种植生态复垦林，创造出“在石头上种树、石上开花”的奇迹。孜孜以求人与自然和谐共生的现代化之道。

图 4-79　黄石国家矿山公园

图 4-80　黄石国家矿山公园(2023 年 3 月 10 日拍摄)

4.6.2.2　大冶铁矿地质背景

1)地质背景

大冶铁矿位于淮阳山字型构造体系的前弧西翼与新华夏系构造体系第二隆起带与沉降带的联合部位之鄂城-大磨山次级隆起带的北段，隶属长江中下游富铁富铜成矿带的西段。

主体控矿褶皱构造为轴向北西西的铁山复式背斜，包括(由北向南)狮子山-象鼻山卷曲背斜、龙洞向斜、铁门坎后山背斜，以及棺材山向斜和铁山背斜等一系列次级褶皱。发育了一系列同侏罗山褶皱期断层系，包括北西向、北东向和近东西向3组断层系。大冶铁矿床的形成与燕山期多次岩浆侵入活动密切相关，矿体产于铁山杂岩体南缘中段内中细粒含石英闪长岩、黑云母透辉石闪长岩与大冶群灰岩(蚀变后为大理岩、白云质大理岩)的断裂复合接触带，接触带宽50～70m，接触交代和热液蚀变作用强烈。矿区地层岩性以下三叠统大冶群的碳酸盐岩、泥质岩为主，零星出露上二叠统龙潭组、大隆组(图4-81)。

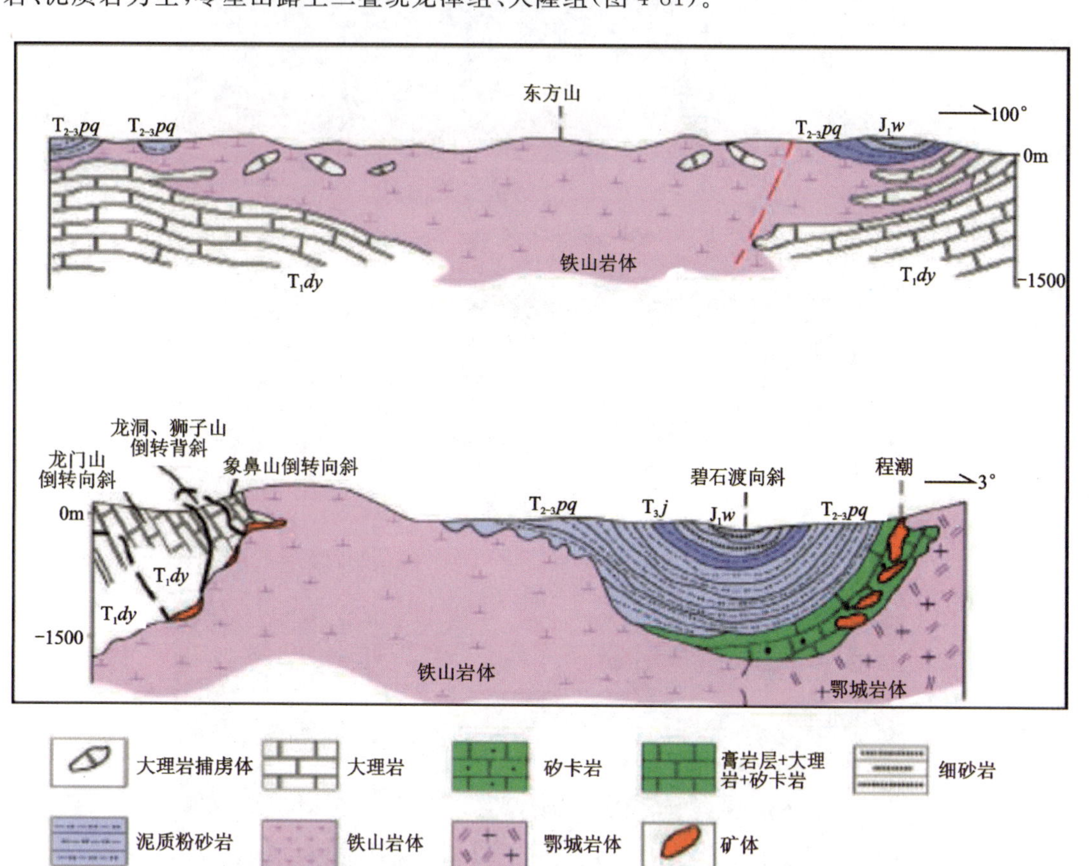

图4-81　铁山岩体示意剖面图(曹中煌等，2019)

2)矽卡岩型矿床简介

矽卡岩型矿床指主要在中酸性侵入体与碳酸盐类矿石的接触带上及其附近，由含矿气水热液进行交代作用而形成的具有典型矽卡岩矿物组合的矿床。此类矿床成矿过程复杂，多形成在特殊的地质环境中，具有典型的矿物组合和特殊的交代成矿方式。长江中下游地区是我国矽卡岩矿床集中分布的成矿区带之一，而其中矽卡岩型铁矿床是我国主要铁矿来源。大冶铁矿的矿体主要沿基性侵入体和三叠系大冶群灰岩及白云质灰岩(已经变为大理岩和白云质大理岩)的接触带分布，矿体80%以上分布在侵入体与围岩的接触带上及其附近的矽卡岩矿床中。

4.6.2.3　恢复生态学

1)恢复生态学的概念

恢复生态学(restoration ecology)是 20 世纪 80 年代发展起来的现代生态科学的分支。美国自然资源保护委员会提出的定义强调是使受损的生态系统恢复到干扰前的理想状态。也有学者提出恢复生态学是研究生态系统退化的原因、退化生态系统恢复与重建的技术与方法、生态学过程与机理的科学。生态恢复就是再造一个自然群落,或再造一个自我维持并保持后代具有持续性的群落。

2)恢复生态学的研究现状

20 世纪 80 年代,随着各类生态系统的退化及相继引发的环境问题加剧,国外开始注重对不同退化生态系统的恢复重建研究。在废矿地恢复方面,澳大利亚对采矿地的生态恢复的研究较深入。1996 年在美国召开了国际恢复生态学会议,专门探讨了矿山废弃地的生态恢复问题。在草地恢复方面,北美从 20 世纪 30 年代开始,同期欧洲开始研究非洲干旱引起的草原退化问题。目前国外在恢复生态学理论和实践研究方面走在前列的是欧洲及澳大利亚和北美。欧洲侧重矿山恢复,澳大利亚侧重草原管理与恢复,北美侧重水体和林地恢复。我国恢复生态学研究前期主要以土地退化,尤其是以土壤退化为主。主要针对水土流失、草场退化及盐渍化、土地污染及肥力贫瘠化、森林生态系统退化与恢复、草地生态系统恢复改良、湿地恢复重建等。20 世纪 90 年代以来,我国对矿山废弃地复垦和植被对于重金属污染的修复研究也开始增多,生态恢复途径是改换土壤、进行物理和化学改良、去除有害物质、种植先锋物种等。

3)恢复生态学的主要理论

自我设计与人为设计理论是恢复生态学中产生的理论。自我设计理论认为只要有充足的时间,随着时间的推移,退化生态系统将根据环境条件合理地组织并最终改变其有效组分。而人为设计理论认为,通过工程措施和植物修复可直接恢复退化生态系统,但恢复的类型可能是多样的。

4.6.2.4　矿山生态修复

1)世界矿山分布

世界矿山分布极其广阔,主要有加拿大油砂开采矿区、美国阿巴拉契亚矿区、中国西部干旱半干旱矿山、南美热带雨林地区的矿山、澳大利亚热带干旱矿区、非洲金属矿区和欧洲已经修复的矿区等七大地区。这些地区资源开采强度大、破坏严重且是生态恢复的重点地区。

2)矿山开采的生态环境效应

采矿活动不仅破坏和占用大量的土地资源,而且带来一系列影响较大的环境问题,如区域性的重金属污染、土地退化、生态破坏并危害到人体健康等。因此,生态恢复已成为目前世界急需解决的问题。

3)矿山生态修复技术

(1)矿山废弃地土壤改良技术。矿山废弃地是指采矿剥离土、废矿坑、尾矿、矸石和洗矿废水沉淀物等占用的土地,采矿作业面、机械设施、矿山辅助建筑物和矿山道路等在运营结束后也成为矿山废弃地，被认为是一类特殊的退化生态系统。矿山废弃地土壤瘠薄，缺乏供植物生长的有机质、氮、磷、钾等，因此为了较好地恢复植被，通常要在矿山废弃地中添加肥料改善土壤性质，添加有机污泥、畜禽粪便、木屑及其他绿肥可有效提高土壤 pH，增强土壤持水能力和阳离子交换量。生物改良措施包括微生物和土壤动物改良。近年来，微生物技术成为复垦区土壤治理与改良非常有效的方法之一。矿区复垦土壤中添加微生物菌剂能够增加土壤养分含量。土壤动物在改良土壤结构、增加土壤肥力和分解枯枝落叶、促进营养物质的生物小循环方面起着不可替代的作用。土壤动物能够改善土壤物理结构，增加土壤孔隙度，最常见的土壤动物是蚯蚓。

(2)植物修复技术。植物修复技术是矿山生态修复的重点。矿山废弃地恢复的植被通常应该选择抗逆性较强、易成活、改良土壤效果较明显的植被。在众多研究中禾草和豆科植物是首选的物种，因为这两种植物耐贫瘠能力相对较高，而且豆科植物能够固定大气中的氮以供植物吸收。禾草包括狗牙根、黑麦草、香根草。豆科植物有胡枝子、沙打旺、草木樨、三叶草。豆科木本，刺槐。露天矿场植被重建中，应考虑植被生命周期的播种、幼苗和成熟 3 个阶段土壤和植被的相互作用，提出全局植被重建技术，包括植物物种优选、土壤基底重构、表土覆盖、播种和维护管理等环节。

(3)景观恢复技术。近年来，矿山景观恢复受到越来越多的关注。例如，在加拿大关闭油砂矿的修复过程中就特别强调景观恢复，恢复技术包括加强斑块的连通性、地貌重塑、采场排水系统和地面水系的有机联系、加强修复场地和周边生态系统功能的协调等。近年来，矿山景观恢复力的评估、矿山生态系统景观服务价值、景观尺度上的生态恢复、生态恢复过程中景观结构和功能的响应和反馈、采后景观的维持和优化、不同物种对景观配置的影响、公共政策和社会过程对矿山景观恢复的作用、景观恢复效果评价等问题也受到关注。

4.6.3 野外具体观察和描述内容

1)大冶铁矿形成

该观察点位于黄石国家矿山公园天坑观景台，为大冶铁矿采坑全景观察点。大冶铁山铁矿床由六大矿体组成，自西向东依次为铁门坎、龙洞、尖林山、象鼻山、狮子山和尖山矿体，总长 4300m，其中尖林山矿体为盲矿体。观景台(北侧)对面为闪长岩体，南侧为大理岩。中间采空的为矿体部分，显示接触带成矿特征。该处南壁上可见大冶组大理岩，呈现白色，局部呈橙色，中粒变晶结构，块状构造(图 4-82)。矿物成分主要为方解石，颗粒大，结晶好。该处大理岩为近(含)矿围岩，显示强烈的热接触变质作用的特征。

从天坑远观对面，可以看到规模较大的 F9 断裂(图 4-83)。它斜切石英闪长岩体，延长达 1000m，走向北西 60°，倾向南西，倾角 70°，破碎带宽度为 5～10m。该断裂对边坡稳定极为不利。

观景台北侧对面为闪长岩体，闪长岩岩性观察可选在生态恢复槐树林中碎石或周边碎石堆。大岩铁-铜矿的成矿母岩为石英闪长岩。石英闪长岩为灰白色，中粒等粒结构，块状构造(图 4-84)。主要矿物为角闪石和斜长石，次要矿物为黑云母、石英及少量辉石。斜长石为灰白色，呈柱状，含量约占岩石总量的 40%；角闪石为黑色，呈长柱状，含量约占岩石总量的

图 4-82　大冶铁矿南壁大理岩及其近照

图 4-83　F9 断层

50%；石英为粒状。在石英闪长岩中可见一些肉红色钾长石脉。

2)矿山开采过程中主要环境地质问题

(1)土地资源影响与破坏。矿山开采对土地资源的破坏方式是各类废渣占地、露采坑占地和地表塌陷破坏。

(2)水土污染。矿产冶炼过程中产生的废水、废渣不规范处理排放，容易产生水土污染问题，如尾矿库主要堆放大冶铁矿和大冶有色金属冶炼厂生产过程中产生的尾矿废渣，占地面积约 $97hm^2$。由于尾矿渣中的金属硫化物在氧化过程中产生大量的酸，能腐蚀矿物并能释放出大量重金属元素，经雨水的冲刷及长时间的淋滤作用，可导致重金属随地表径流进入周边土壤，或直接渗透到地下水，给环境带来严重污染。

图 4-84　石英闪长岩

(3)地质灾害。在长期开采过程中形成了长 2.2km、最宽处达 500m、边坡垂直高度达 444m 的亚洲最大的露天采矿坑,地裂缝、滑坡及崩塌等地质灾害时有发生。此外,采矿过程中,采矿塌陷及岩溶塌陷问题以及尾矿库的边坡失稳问题也不容忽视。

(4)矽卡岩型矿床周边充水问题。下三叠统大冶群 T_1dy^5—T_1dy^6 段灰岩、大理岩,分布范围十分广泛,为区内主要含水层,涌水量大。矿区内侵入岩相对隔水,但其与围岩接触带裂隙发育,受侵入岩体的阻挡,地下水异常丰富,容易造成矿床周边充水问题。

(5)含水层疏干或破坏。矿山开采过程中,在矿井巷道开拓及巷道排水时,岩溶含水层地下水流场将发生改变,易形成地下水降落漏斗或地下水位下降,造成含水层疏干或枯竭。

3)生态恢复与硬岩复垦林

(1)矿山硬岩复垦林。生态恢复首先需要进行土地复垦。黄石矿山废弃石堆场,主要由闪长岩和大理岩组成,岩石坚硬、持水性差,不易风化。黄石矿山废弃地生态修复的历史最早可追溯到 20 世纪 80 年代矿山废弃地的复垦,当时大冶铁矿在“石头上种树”的复垦探索,一举创造了亚洲最大硬岩复垦基地的奇迹。自 20 世纪 80 年代,大冶铁矿联合相关科研院所经过反复尝试,最终发现了成活率较高的刺槐,根系横向生长,对土壤的深度要求低,适宜山地生存。在种植方式上,在前期试验、示范的基础上,提出以“坑植加充填料”方式进行复垦。在原地挖坑,然后坑内填入生活垃圾或人工矿土,再进行定植。树种选择抗旱耐贫瘠的刺槐为先锋树种,有利于植被重建。刺槐属于豆科植物,根部具根瘤菌,可固氮,增加土壤营养。另外还选择其他耐贫瘠、适应强的树种,如旱柳、侧柏、火棘。经过 40 余年的努力,矿山人在废石场上种出了面积达 366 万 m^2 的刺槐,一跃成为亚洲最大的硬岩复垦林。考虑到场地贫瘠、岩石难风化的特点,目前该区处于自然生态恢复过程中,属次生演替的初始阶段,以灌草丛植物占优势。该区共有种子植物 129 种,隶属于 51 科、96 属。植物组成以菊科和禾本科(11 种)种数较多,占总种数的 21.7%,其余各科植物种类相对较少,多为单种科。这说明禾本科、菊科等在生态恢复过程中起到先锋植物的作用。从生活型上看,草本植物占植物总种数的 48.1%,灌木和藤本植物数量相当,乔木缺乏,草本植物的明显优势表明该地区的次生性质。这与其他尾矿废弃地植被分布特征有极高的相似性。该区科的分布类型以世界分布和泛热带分布为主，属的分布以泛热带和北温带分布属为主，温带成分和热带成分比例相当，表明该区是亚热带和温带植物区系的交会地区。这与所处地黄石市的植物区系特征相符合。

(2)植物对重金属污染修复作用。黄石国家矿山公园前身为我国重要的铁、铜采矿区。长期的矿产资源开发，使得矿区重金属污染问题比较突出。近年来，植物学家不断地运用藻类、苔藓、蕨类以及种子植物，对不同重金属的单一或复合污染处理效果进行深入研究，进而筛选出了几种相关的重金属富集和超富集植物。研究的植物包括蕨菜(*Pteridium aquilinum* var. *latiusculum*)、铁线蕨(*Adiantum capillus-veneris* L.)、凤尾蕨(*Pteriscretica* var. *nervosa*)、蜈蚣草(*Eremochloa ciliaris*)、贯众(*Cyrtomium macrophyllum*)、芒草(*Miscanthussinensis*)、白茅(*Imperata cylindrica*)、苔草(*Carex* spp.)、早熟禾(*Poa annua* L.)。草本植物对重金属元素的富集能力差别较大。蜈蚣草对 Cd 的富集作用明显，凤尾蕨、蜈蚣草、贯众对 Zn 有很好的富集作用；凤尾蕨对 Cu 的吸收富集效果最好。蕨菜和早熟禾是典型的 Zn 富集型植物。蕨菜、蜈蚣草二者均可作为重金属污染土壤的修复植物。

4.6.4　教学方法

本路线实习通过背景资料介绍、实地考察及老师讲解的方式，介绍黄石国家矿山公园的历史及矿区概况，帮助学生理解和掌握矿山地质环境问题以及矿山生态修复的方法和途径。

4.6.5　野外实习后的总结与思考

通过黄石国家矿山公园路线实习，使学生理解以下问题。

(1)矽卡岩矿床的形成条件是什么？

(2)露天矿山开发中的主要地质环境问题有哪些？

(3)矿山生态恢复的理论和方法有哪些？

4.7　大气污染与空气质量监测

4.7.1　基本任务

(1)了解大气污染与空气质量监测的概念、分类及其影响因素。

(2)熟悉不同大气污染物的来源、危害及其对大气环境的影响。

(3)认识不同大气污染物监测仪器的基本工作原理和监测方法。

(4)了解我国大气污染与空气质量监测防治成效、大气污染监测及预警预报等方面的进展和成果，提高环境保护意识。

4.7.2　出野外前的知识储备

1)大气的概念与组成

按照国际标准化组织(ISO)对大气和空气的定义，大气是指环绕地球的全部空气总和，环境空气是指人类、植物、动物和建筑物暴露于其中的室外空气。

大气的组成主要包括干燥洁净的空气、水蒸气和各种杂质。

干燥洁净的空气主要成分是氮(N)、氧(O)、氩(Ar)和二氧化碳(CO_2)气体，它们的体积分数占99.996%；氖(Ne)、氦(He)、甲烷(CH_4)、氪(Kr)等次要成分占0.004%左右。

大气中的水蒸气含量平均不到0.5%，而且随着时间、地点和气象条件等不同而有较大变化，变化范围为0.01%～4%。大气中的水蒸气含量虽然很少，却导致了各种复杂的天气现象，如云、雾、雨、雪、霜、露等。这些现象不仅引起大气中湿度的变化，还导致大气中热能的输送和交换。此外水蒸气吸收太阳辐射的能力较弱，但吸收地面长波辐射的能力却较强，所以对地面的保温起着重要作用。

大气中的各种杂质是由自然过程和人类活动排放到大气中的各种悬浮微粒和气态物质形成的。大气中的悬浮微粒，除了有水蒸气凝结成的水滴和冰晶外，主要是各种有机的或无机的固体微粒。作为杂质的气态物质主要有硫氧化物(SO_x)、氮氧化物(NO_x)、挥发性有机物(VOCs)、碳氧化物、硫化氢(H_2S)、氨气(NH_3)、甲烷(CH_4)等。大气中的各种悬浮微粒和气态物质，许多会引起大气污染，分布随时间、地点和气象条件的变化而变化，通常陆上多于海上、城市高于乡村、冬季多于夏季。

2)大气污染的概念与分类

大气污染通常指由人类活动和自然过程引起某些物质进入大气中，呈现出足够的浓度，达到了足够的时间，从而危害人体的舒适、健康和福利或危害了环境。

大气污染形成的条件包括：①大量的污染物排入大气中；②有不利的气象条件等影响；③污染物在大气中积累或变化，以及有些污染物的协同作用，使其浓度达到危害的程度。

按照影响范围，大气污染可分为局部地区污染(局限于小范围的大气污染，如受到某些烟囱排气的直接影响)、地区性污染(涉及一个地区的大气污染，如工业区及其附近地区或整个城市大气受到污染)、广域污染(比一个地区或大城市更广泛的大气污染，如两湖区域、京津冀区域等)和全球性污染(涉及全球范围的大气污染，如温室效应、臭氧层破坏和酸雨等)。按照污染形成原因，大气污染可分为煤烟型污染(由煤燃烧过程中排放的各种污染物造成的污染)、氧化型污染(由机动车尾气排放和燃油锅炉的排气中含有的NO_x和碳氢化合物造成的二次污染)和混合型污染(由燃煤和燃油过程中产生的污染物互相结合在一起造成的污染)。

大气污染物是指由人类活动或自然过程排入大气的、并对人和环境产生有害影响的物质。按照存在状态，大气污染物可分为气溶胶状态污染物和气态污染物。气体介质和悬浮在其中的分散粒子所组成的系统称为气溶胶。在大气污染中，气溶胶粒子是指沉降速度可以忽略的固体、液体或固液混合颗粒物。常见的大气颗粒物主要包括粉尘、烟、飞灰、黑烟、霾、雾等。气态污染物是在常态、常压下以分子状态存在的污染物，包括含硫化合物、含氮化合物、碳氧化物、挥发性有机化合物、卤素化合物等。按照形成过程，大气污染物又可以分为一次污染物和二次污染物：一次污染物是指直接从污染源排到大气中的污染物质，包括上述颗粒态污染物和气态污染物；二次污染物是指由一次污染物与大气中已有组分，或几种一次污染物之间经过一系列化学或光化学反应而生成的与一次污染物性质不同的新污染物质，包括光化学烟雾和二次颗粒物等。会导致二次污染物形成的一次污染物称为前体物，主要包括SO_x、

NO_x、VOCs(C_1～C_{10}化合物)、碳氧化物(CO、CO_2)等。

3)影响大气污染的气象要素

从污染源排放到大气中的污染物的传输和扩散过程,与气象要素密切相关。

表示大气状态的物理量和物理现象称为气象要素。影响大气污染的气象要素主要有气温、气压、气湿、风向和风速、云况、能见度、太阳高度角、降水等。

(1)气温。气象上讲的地面气温一般是指距地面 1.5m 高处的百叶箱中观察到的空气温度。表示气温的单位一般用摄氏温度(℃)、热力学温度(K)或华氏温度(℉)。其中摄氏温度与华氏温度的转化关系为摄氏温度=(华氏温度-32)/1.8,而热力学温度=摄氏温度+273.15。气温决定了大气中光化学反应的速率。同时,气温的垂直分布也决定了大气污染物的扩散条件。温度垂直递减率越大,越有利于污染物的扩散。相反,逆温状态不利于污染物的扩散。大气污染严重的情况往往发生在逆温和静风条件下。

(2)气压。气压是指大气的压力。气象上常采用百帕(hPa)作为单位。常用到的是标准状态下的大气压。国际上规定,在气温 0℃,纬度 45℃的海平面上的气压为 1 个标准大气压=101 325Pa=1 013.25hPa。气压的变化会影响大气中污染物的扩散和清除。低气压中心气流是上升的。气流上升后向周围扩散,有利于污染物的扩散。相反高压中心气流是下沉的,不利于污染物的扩散。

(3)气湿。空气的湿度简称气湿,表示空气中水汽含量的多少。气湿常用的表示方法有绝对湿度、水汽压、饱和水气压、相对湿度、含湿量、水气体积分数及露点等。气湿会降低化学反应速率和稳定性。湿度较高的气象条件会抑制化学反应速率,从而降低污染物的生成。气湿也会影响大气污染物的传输和沉降速度。湿度较高时污染物的沉降速率较快,有利于污染物的清除。

(4)风向和风速。气象上把水平方向的空气运动称为风,垂直方向的空气运动称为升降气流。风是一个矢量,具有大小和方向。风向是指风的来向,例如风从东方来称东风,风往北方吹称南风。风速是指单位时间内空气在水平方向运动的距离,单位用 m/s 或 km/h 表示。风向会影响污染物的传输路径,风速会影响污染物的扩散程度。风速越快,大气污染物扩散越快。通常气象台站所测定的风向、风速都是指一定时间(如 2min 或 10min)的平均值。有时也需要测定瞬时风向和风速。

(5)云况。云是飘浮在空中的水汽凝结物。这些水汽凝结物是由大量小水滴或小冰晶或两者的混合物构成的。云的生成与否、形成特征、量的多少、分布及演变,不仅反映了当时大气的运动状态,而且预示着天气演变的趋势。云对太阳辐射和地面辐射起反射作用,反射的强弱视云的厚度而定。白天,云的存在阻挡太阳向地面辐射,所以阴天地面得到的太阳辐射减少。夜间云层的存在,特别是有浓厚的低云时,使地面向上的长波辐射反射回地面,因此地面不易冷却。云层存在的效果是使气温随高度的变化减小。从大气污染物扩散的观点来看,关键的是云高和云量:云高是指云底距地面的高度,云量是指云遮蔽天空的成数。

(6)能见度。能见度是指视力正常的人在当时的天气条件下能够从天空背景中看到或辨认出的目标物(黑色、大小适度)的最大水平距离,单位用 m 或 km。能见度表示大气清洁透明的程度。能见度与大气污染具有密切关系。当空气中存在大量颗粒物时,会造成光的散射和吸收作用增强，从而降低能见度。

(7)太阳高度角。太阳高度角是指太阳光线与地平线之间的夹角，是影响太阳辐射强弱的最主要因素之一。同一地点一天内的太阳高度角是不断变化的，日出、日落时为 0，正午最大。太阳高度角的变化与地理纬度有关，夏至正午时，北回归线以北地区太阳高度角达到一年中的最大值，南回归线以南地区则反之。太阳辐射强弱直接影响着大气光化学反应速率。

(8)降水。降水是指大气中降落至地面的液态或固态水的统称，如雨、雪、雹等。衡量降水大小用降水量表示，即降落到地面上的降水没有损失而在水平面上积聚的深度。降水能对大气污染物起到清除作用，该作用称为大气污染物的湿沉降。

4)湖北省大气复合污染研究中心的基本介绍

湖北省大气复合污染研究中心(图 4-85)是由中国地质大学(武汉)与湖北省生态环境厅共建的联合研究中心，于 2018 年 11 月获批建设，2021 年 11 月一期建设完毕，正式揭牌成立。

(1)中心的发展定位：整合湖北省大气环境领域的主体研究力量，借助现有的空天地立体监测网络和仪器设备，紧密围绕大气细颗粒物和臭氧协同防控的方法、技术和措施，研发先进的大气污染物监测仪器，系统深入开展大气复合污染成因研究，探索大气污染与气候变化、人群健康的关系，为湖北省大气污染防控、空气质量管理、大气污染与气候变化协同调控治理等持续提供有效的技术支撑和决策依据；并力争“十四五”期间，在全国细颗粒物和臭氧协同防控中起到示范作用。切实推进政、产、学、研、用协同创新，打造成为湖北省政、产、学、研、用协同创新的环境领域典范。

(2)中心的总体建设思路：聚焦我国中部城市群当前突出的细颗粒物和臭氧复合型污染，重点开展大气污染与天气气候相互作用、大气复合污染监测与质控、大气复合污染成因与预测、大气监测技术与装备研发、大气环境信息化大数据平台及大气复合污染管控策略研究等 6 个方向的科学研究；力争建设国内一流水平的省部级重点实验室和开放性交流服务平台，培养一批优秀的创新型骨干人才和领军人才；着力破解区域在大气复合污染防治和环境空气质量管理上的技术瓶颈，为城市群大气污染联防联控提供科技支撑，为城市环境空气质量持续改善提供创新思想和科技产品。通过五年的努力，拟将中心建设成为湖北省大气环境科学研究中心、环保设施开放教育中心、党建业务融合示范中心以及政、产、学、研、用协同创新中心，并作为湖北省环境空气预报预警、应急监测指挥的备用基地，实现一个中心、多项功能综合利用。

(3)中心已具备的场地和设备：中心总面积 2000 余平方米，建有实验室 11 间、研究室 3 间、学术交流大厅 1 间、会议室 1 间、办公室若干。中心拥有各类大气环境监测仪器设备 32 台，加上各类配套辅助设施 60 余台套，总价值 3500 万元以上，主要包括大气颗粒物浓度监测仪、气态污染物监测仪、挥发性有机物在线监测系统、大气重金属在线分析仪、在线离子色谱分析仪、黑碳仪、颗粒物粒径谱仪、通量激光雷达、浊度仪、大气稳定度仪、能见度仪、太阳光度计、云高仪等各类设备。另外，中心具备移动走航监测的技术能力，建成了湖北省大气环境质量综合分析平台、预报预警平台、大气遥感应用平台等一系列数据管理应用平台，软硬件基础扎实。中心还建立了大气污染源排放实验室，拥有稀释通道采样系统、烟雾箱、无人机、烟气分析仪等常规污染物及组分理化特性的离线(PM_1 和 $PM_{2.5}$的小流量、中流量、大流量及自动换膜采样器、苏玛罐等)和在线监测仪器(黑碳仪、粒径谱仪、碳气溶胶分析仪等),以及高性能服务器在内的源排放监测表征和模拟的仪器设备等 50 余套,价值 800 万元左右。

图 4-85　湖北省大气复合污染研究中心

4.7.3　野外具体观察和描述内容

点位 1:多参数观测实验室。

点义:常见的大气颗粒物和气态污染物的在线监测。

内容:

1)大气颗粒物的在线监测

大气颗粒物对空气质量、人体健康和气候变化等均产生重要的影响,是当前国际大气环境领域的研究热点和前沿。大气颗粒物的大小不同,其物理化学和生物学特性不同,对人和环境的危害亦不同。若颗粒是球形的,则可用其直径作为颗粒的代表性尺寸。但实际颗粒的形状多是不规则的,因此需按一定的方法确定一个表示颗粒大小的代表性尺寸作为颗粒的直径,简称为粒径。空气动力学当量直径是除尘技术和环境监测中最常用的颗粒物粒径表示方法之一,它是指在空气中与颗粒沉降速度相等的单位密度的圆球的直径,用 da 表示。像总悬浮颗粒物(TSP)、可吸入颗粒物(PM_{10})、细颗粒物($PM_{2.5}$)和可入肺颗粒物(PM_1)等所用的粒径表示方法就是空气动力学当量直径。

TSP 是指飘浮在空气中的固态和液态颗粒物的总称,其粒径范围为 0.1～100μm。有些颗粒物因粒径大或颜色黑可以为肉眼所见,比如烟尘。有些则小到使用电子显微镜才可观察到。PM_{10}、$PM_{2.5}$ 和 PM_1 是指空气动力学直径小于等于 10μm、2.5μm 和 1μm 的颗粒物。PM_{10} 及更小粒径的颗粒物可以被人体吸入,沉积在呼吸道、肺泡等部位从而引发疾病。颗粒物的直径越小,进入呼吸道的部位越深。PM_{10} 通常沉积在上呼吸道,$PM_{2.5}$ 可进入呼吸道的深部,PM_1 以下的可进入肺泡血液,对人体健康影响极大。

图 4-86 为大气污染复合研究中心多参数观测实验室所拥有的 TH-16E(便携式)大气颗

粒物监测仪（TSP、PM_{10}、$PM_{2.5}$、和 PM_1）。仪器检测方法基于β射线吸收原理，利用β射线作为辐射源，抽气泵对大气进行采样，在采样时监测仪实时监控抽气的流量。大气中的悬浮颗粒被吸附在β源和闪烁体探测器之间的滤纸表面，抽气前后闪烁体探测器计数值的改变反映了滤纸上吸附灰尘的质量，根据采样体积换算为单位体积空气中悬浮颗粒的浓度。与国外同类产品比，该仪器具有体积小、结构紧凑、维护方便、全天候工作等特点，常用于长期连续自动监测室内外环境空气中的颗粒物质量浓度。

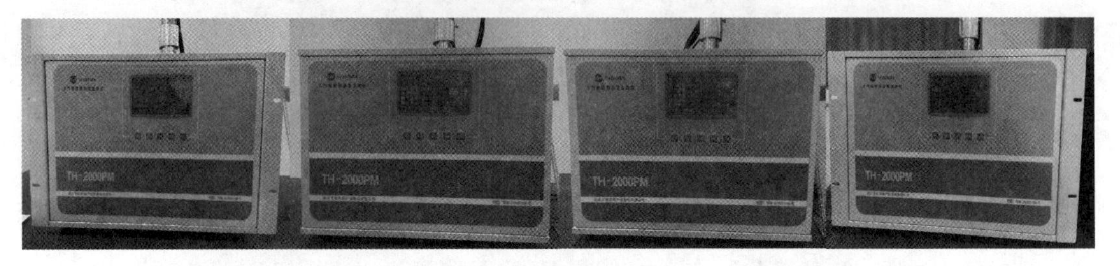

图 4-86　大气颗粒物浓度监测仪（TSP、PM_{10}、$PM_{2.5}$、PM_1）

2)气态污染物的在线监测

常见的气态污染物包括 CO、SO_2、NO_x、NH_3等。此外，对流层（近地面）臭氧（O_3）也是我国目前最重要的气态污染物之一。

CO 主要来自燃料燃烧和机动车排气。CO 是一种窒息性气体，进入大气后，由于大气的扩散稀释作用和氧化作用，一般不会造成危害。但是，若存在 CO 发生源且外界条件不利于排气扩散稀释时，CO 浓度可能达到危害人体健康的水平。高浓度的 CO 能够引起人体生理上和病理上的变化，甚至死亡。CO 是一种能夺取人体组织所需氧的有毒吸入物，人暴露于高浓度（$>750\times10^6$）的 CO 中就会死亡。

人类活动产生的 SO_2主要来自化石燃料燃烧、硫化物矿石焙烧和冶炼等热过程。火力发电厂、有色金属冶炼厂、硫酸厂、炼油厂以及所有烧煤或油的工业炉窑等都排放含有 SO_2的烟气。一般认为空气中 SO_2浓度（体积分数）大于 0.5×10^{-6}时对人体健康已有某种潜在性影响，$(1\sim3)\times10^{-6}$时多数人开始受到刺激，10×10^{-6}时刺激加剧，个别人还会出现严重的支气管痉挛。与颗粒物和水分结合的 SO_2对人类健康的影响非常严重。当大气中的 SO_2被氧化形成硫酸和硫酸烟雾时，即使其浓度只相当于 SO_2的 1/10，其刺激和危害却更加显著。动物实验表明，硫酸烟雾引起的生理反应要比单一 SO_2气体强 4～20 倍。

NO_x包括 N_2O、NO、NO_2、NO、N_2O_3、N_2O_4和 N_2O_5，其中污染大气的主要是 NO 和 NO_2。人类活动产生的 NO_x主要来自各种炉窑机动车和柴油机排气，其次是硝酸生产、硝化、炸药生产及金属表面处理等过程。其中，由燃料燃烧产生的 NO_x约占 83%，而且主要是 NO。NO 进入大气后可被缓慢地氧化成 NO_2。当大气中有 O_3等强氧化剂存在时，或在催化剂作用下，其氧化速率会加快。NO 对生物的影响尚不清楚。经动物实验认为其毒性为 NO_2的 1/5。NO_2是棕红色气体，对呼吸器官有强烈刺激作用。实验表明，NO_2会迅速破坏肺细胞，可能是哮喘病、肺气肿和肺癌的一种病因。NO_x与碳氢化合物混合时在阳光照射下会发生光化学反应生成光化学烟雾。

NH_3是大气硫酸氨和硝酸氨的前体物质，主要来自农业生产大量使用的氮肥和畜禽养殖业。此外，工业排放也是NH_3的重要来源之一。NH_3是一种无色且具有强烈刺激性臭味的气体，溶解度极高，对接触的人体皮肤组织和上呼吸道都具有腐蚀和刺激作用。

O_3是一种具有特殊臭味的浅蓝色气体，是地球大气中重要的微量成分。在离地面约30km的对流层(高空)中，存在着一层平均厚度约3mm的O_3层。它能够大量吸收太阳辐射紫外线，使地球上的生物免遭紫外线的伤害，被誉为地球的“保护层”。然而，与高空中O_3层不同，对流层(近地面)的O_3则是一种气态污染物。O_3具有强烈的刺激性，主要是刺激和损害深部呼吸道，并损害中枢神经系统，对眼睛有轻度的刺激作用。此外，O_3还可能造成人体组织缺氧、甲状腺功能受损、骨骼钙化等人体健康风险。当近地面O_3超过一定浓度时，会对人体健康产生危害。此外O_3还会抑制植物生长，使植物叶子变黄，甚至枯萎，给农作物生产带来重大损失。

图 4-87 为大气污染复合研究中心多参数观测实验室所拥有的六常规监测分析仪，包括CO分析仪、SO_2分析仪、NO_x(NO、NO_2和NO_x)分析仪和O_3分析仪。

图 4-87　六常规监测分析仪

(1)CO分析仪采用气体滤波相关红外吸收法。CO对特定波长(4.67nm)的红外辐射有吸收的特性，其吸收强弱与CO浓度呈现一定关系。来自红外光源的红外线依次通过旋转的滤光轮中的CO与N_2滤光器，然后经窄带干扰滤光片进入光室。通过滤光轮中的CO滤光器，红外线被吸收，不能在光室中再吸收样气中的CO而形成参比光强。通过滤光轮中的N_2

滤光器，红外线不会吸收而照在光室的样气上，样气中 CO 吸收红外辐射，形成测量光强穿过光室照射在红外检测器上。通过两者的光强比，利用朗伯-比尔定律计算出样气中 CO 的浓度。

(2)SO_2分析仪采用紫外荧光法。锌灯发出紫外光，经过滤为单色光(波长为 214nm)并聚焦到 SO_2反应室。样气中的 SO_2吸收紫外线产生能级跃迁，SO_2从基态变为激发态。激发态的 SO_2不稳定，瞬间发射出中心波长为 330nm 的荧光，荧光的强度与 SO_2浓度成正比，光电倍增管将光信号转变成电信号测出 SO_2的浓度。为了消除光路波动造成的测量误差，光路中采用两路监测：一路作为样气光路测量所激发的荧光强度；另一路作为参比光路监测锌灯光源的变化，对光源变化进行自动补偿。

(3)NO_x分析仪采用化学发光法。NO 和 O_3发生反应生成带有能量的 NO_2。带有能量的 NO_2释放能量时产生特定波长的荧光，这种荧光的强度与 NO 的浓度呈线性关系。光电管将光信号转变为电信号测出 NO 的浓度。样气中的 NO_x进入仪器分成二路：一路样气进入反应室，样气中 NO 与 O_3发生反应测出 NO 的浓度；另一路样气进入转换炉将样气中的 NO_2转化为 NO 再进入反应室与 O_3发生反应，测出的就是 $NO_2+NO=NO_x$，用 NO_x浓度减去 NO 浓度就是 NO_2浓度。

(4)O_3分析仪采用紫外吸收法。O_3能吸收波长 254nm 的紫外光，吸收紫外光的强弱与其浓度呈一定关系。使用低压汞灯发射波长为 254nm 的紫外光，照射在检测室中，检测室中交替通过样气(含 O_3的样气)和参比气(剔除 O_3之后的样气)，通过两者的光强比利用朗伯-比尔定律计算出样气中 O_3的浓度。光路采用两路监测：一路作为样气光路测量所激发的荧光强度；另一路作为参比光路监测锌灯光源的变化，对光源变化进行自动补偿。

点位 2：组分监测实验室。

点义：不同大气颗粒物化学组分的在线监测。

内容：大气颗粒物的化学组分包括无机盐类、碳质组分、元素组分和有机组分等。

颗粒物中的无机盐类主要是指水溶性无机盐类，包括铵盐、硝酸盐、硫酸盐等。无机盐类是颗粒物的重要组成成分。它主要是通过燃煤、机动车、工业、扬尘、生物质燃烧等排入环境中的一次污染物，在大气环境中经物理、化学或生物因素作用下发生变化，或与环境中其他物质(SO_x、NO_x等)二次反应所形成的二次颗粒物，形成机制较复杂，且毒性更强，对颗粒物的化学性质有重要影响。

颗粒物中的碳质组分主要包括有机碳(OC)和元素碳(EC)。OC 是一种含有上百种有机化合物的混合物，包括污染源排放的一次有机碳和碳氢化合物通过光化学反应等途径生成的二次有机碳。EC 主要是以单质状态存在的碳，通常是由木材等生物质或化石燃料的不完全燃烧产生的，并由污染源直接排放。EC 主要存在于一次颗粒物中。

颗粒物中的元素组分包含地壳物质和痕量元素。现已发现存在于大气颗粒物中的元素种类达 70 余种。风沙和火山爆发是元素组分最主要的天然源。人为源中元素组分主要来自化石燃料的高温燃烧过程和其他高温燃烧的工业过程，如燃煤、燃油、钢铁冶炼、沙尘等。

颗粒物中的有机组分包括多环芳烃化合物、正构烷烃、酞酸酯、醛酮类羰基化合物等有毒有机污染物。多环芳烃化合物(PAHs)是对人体健康危害最大的环境致癌物质，目前已经发现的致癌性多环芳烃及其衍生物超过 400 种，其中苯并芘是公认的三致（致癌、致突变、致畸）化合物。大气中的多环芳烃多集于颗粒物中。

图 4-88 为大气重金属在线分析仪。大气重金属在线分析仪主要用于连续测量并分析环境空气中的重金属浓度。大气重金属在线分析仪采用无损的 X 射线荧光光谱原理，并结合大气富集技术进行测试。整套仪器包括大气颗粒物富集系统（采样装置、加热装置、流量测量装置）、卷膜系统（滤膜卷、滤膜运动电机）、XRF 分析测试系统（X 光管、数字多道分析器、算法分析软件）、β 射线分析系统、控制系统（采样控制、卷膜运动、XRF 检测、流量记录与控制、浓度计算、结果显示）等。

图 4-88　大气重金属在线分析仪

图 4-89 为在线离子色谱分析仪，主要用于自动在线监测大气中的气体组分（HF、HCl、HONO、HNO_3、SO_2、NH_3 等）和颗粒物中的水溶性组分（F^-、Cl^-、NO_2^-、NO_3^-、SO_4^{2-}、Na^+、NH_4^+、K^+、Mg^{2+}、Ca^{2+} 等）。在线离子色谱分析仪应用领域广泛，结合气象数据，可对出现灰霾的成因进行解析，探索灰霾的形成过程和机理，为控制对策提供科学依据。

在线离子色谱分析仪的主要工作流程：大气样品被抽入独特的采集分离装置后，气态污染物因扩散速率极快而被环形湿式扩散管吸收。颗粒物在惯性作用下穿透过去，被收集装置捕集。气态和颗粒物水溶性组分变成溶液后，被交替输送至阴、阳两台离子色谱分析仪进行离子成分的全面解析，整个过程全自动进行。

图 4-90 为碳质组分（OC/EC）自动分析仪，可用于大气颗粒物中 OC 与 EC 的监测和分析、空气质量监测、环境暴露量测定、大气源解析等。碳质组分（OC/EC）自动分析仪采用热光透射法测定分析收集在石英滤膜上的 OC 和 EC。采样时环境空气垂直通过安装好的石英滤膜。当采样结束后，分析仪的前炉和后炉会用氦气（He）吹扫清除炉内的空气。当采用 He 进

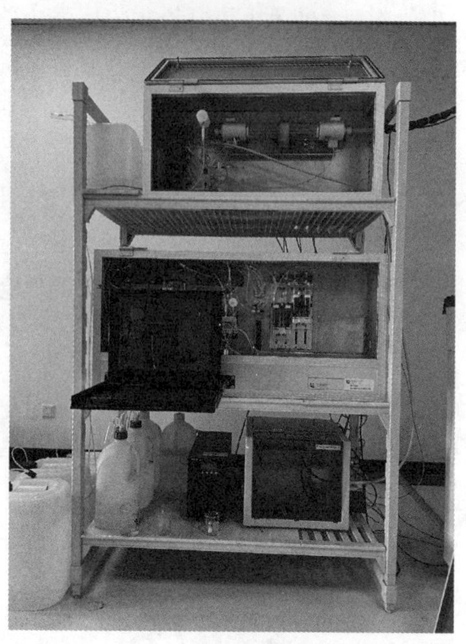

图 4-89　在线离子色谱分析仪

行吹扫时，用户采用的阶梯升温程序加热炉温至最高温度，热脱附有机物和碳化产物进入二氧化锰（MnO_2）氧化炉。当碳微粒进入到 MnO_2 氧化炉时，它们就会定量转化成 CO_2 气体。CO_2 气体通过非扩散红外探测系统被探测出来。在石英样品炉第一阶段的升温结束后，炉温被冷却，同时，气流转化为具有氧化气体的 He/O_2 混合气。第二阶段的升温过程在氧化条件下将所有的 EC 从滤膜上氧化随之进入 MnO_2 氧化炉中。EC 与 OC 以相同的方式被检测出来。

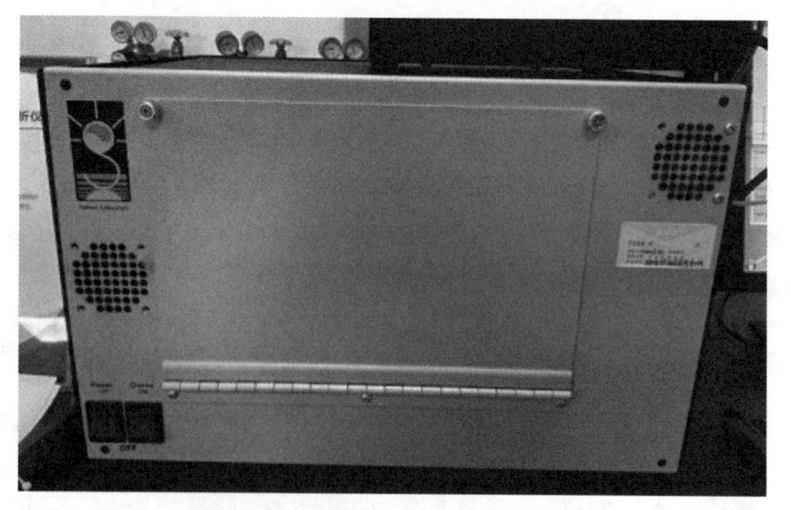

图 4-90　碳质组分（OC/EC）自动分析仪

点位 3：光化学观测实验室。

点义：光化学反应前体物和光化学烟雾的在线监测。

内容：光化学烟雾是在阳光照射下，大气中的 NO_x、VOCs 之间发生一系列光化学反应而生成的蓝色烟雾（有时带些紫色或黄褐色），主要成分有 O_3、过氧乙酰硝酸酯（PAN）、酮类、醛类等。

VOCs 主要来自机动车排气、燃料燃烧、石油炼制、有机化工生产和溶剂使用等过程。VOCs 种类很多，从 CH_4 到长链聚合物烃类。大气中的 VOCs 一般是 C_1～C_{10} 的化合物，它不完全等同于严格意义上的碳氢化合物，因为它除含有 C 和 H 原子之外，还常含有 O、N 和 S 原子。CH_4 被认为是一种非活性烃，所以人们以非甲烷总烃（NMHC）来表述环境中烃的浓度。城市大气中很多 VOCs 是可疑的致突变物和致癌物，包括卤代甲烷、卤代乙烷、卤代丙烷、氯烯烃、氯芳烃、芳烃、含氧有机物、含氮有机物等。特别是多环芳烃（PAHs）类大气污染物，大多数有致癌作用。其中苯并[a]芘是强致癌物质。城市大气中的苯并[a]芘主要来自煤油等燃料的不完全燃烧及机动车排气。苯并[a]芘主要通过呼吸道进入肺部，并引起肺癌。实测数据表明，肺癌与大气污染程度、苯并[α]芘含量具有显著的正相关性。从世界范围看，城市肺癌死亡率比农村高约 2 倍，但是有的城市肺癌死亡率可比农村高 9 倍。

O_3、PAN 和过氧苯酰硝酸酯（PBN）等光化学氧化剂对人体健康危害很大。PAN 和 PBN 等氧化剂会严重刺激眼睛。当它们和 O_3 混合在一起时，还会刺激鼻腔和喉，引起胸腔收缩。此外光化学氧化剂还会促进 SO_2 和 NO 等大气污染物的氧化，形成危害更深、更广的二次颗粒物等污染物。

图 4-91 为大气 VOCs 在线监测仪。该仪器可对环境空气中 107 种 VOC 进行实时在线监测，包括非甲烷碳氢化合物 58 种、含氧硫类 1 种、卤代烃 35 种、含氧/氮类 13 种，精度在 10%以内。VOCs 在线监测仪采用气相色谱法。气相色谱质谱是利用样品中各组分在气相和固相之间的分配系数不同实现分离的。当样品被载气带入色谱柱中运行时，组分就在两相间进行反复多次分配。由于固相对各组分的吸附能力不同，经过一定的柱长后，各组分便被分离，按照顺序离开色谱柱进入检测器，产生的信号经放大后，在记录器上描绘出各组分的色谱峰。

图 4-92 为多种光化学反应前体物和光化学烟雾的在线监测设备，包括 PANs 在线分析仪、CH_4/NMHC 监测仪、环境空气甲醛（CH_2O）连续监测仪、气态亚硝酸（HONO）分析仪、光解光谱在线分析仪等，实现 PANs、CH_4/NMHC、CH_2O、HONO 等的连续在线监测。

（1）PANs 在线分析仪采用气相色谱法。仪器由 GC 仪器分析和动态校准装置构成。PAN 由低于室温的毛细管分离系统进行色谱分离后，由电子捕获检测器（ECD）检测。色谱柱安装在一个由 TEC 半导体制冷片控温的紧凑的柱箱中。温度波动低于 1℃，控温范围为 0～60℃。双层隔热设计保证系统可以在宽范围的环境温度中正常运行。纯化和预处理后的 N_2 作为系统的载气和补充器。

（2）CH_4/NMHC 监测仪采用气相色谱法。仪器内置的热解吸模块采用填充有吸附剂的惰性化不锈钢管捕获有机化合物，然后将它们导入色谱仪的进样阀中，通过色谱柱分离和检测对这些有机化合物进行分离和测定。

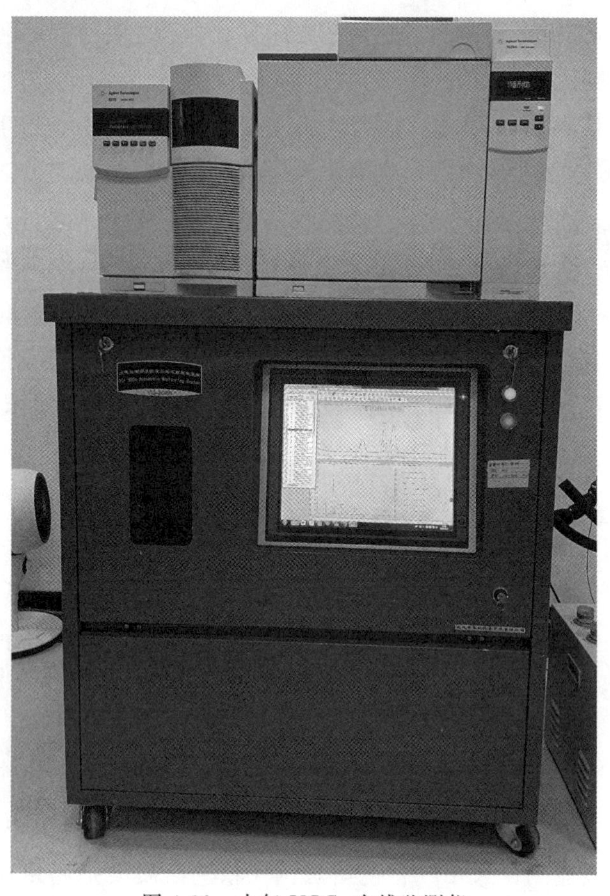

图 4-91　大气 VOCs 在线监测仪

(3)环境空气甲醛(CH_2O)连续监测仪采用乙酰丙酮分光光度法。空气中的 CH_2O 在吸收室内被弱酸性吸收液吸收,经气液分离后在反应室内与乙酰丙酮溶液混合反应,在加热条件下生成荧光产物 DDL(3,5-二乙酰基-1,4 二氢卢剔啶),在 LED 灯的激发下能够产生荧光。依据朗伯-比尔定律,荧光强度与 CH_2O 含量成正比,通过对荧光信号的处理,可计算出 CH_2O 浓度。

(4)气态亚硝酸(HONO)分析仪主要用于环境空气中 HONO 的监测。VOCs 氧化过程中形成的大气烷基过氧自由基(RO_2)或过氧羟基自由基(HO_2)是将 NO 氧化为 NO_2 的氧化剂。VOCs 的自由基氧化链是由与羟基自由基(OH)的反应引发的,水蒸气存在下紫外线对 O_3 的光解是对流层中 OH 的主要来源。在污染地区,醛类[如氰酸(HCHO)]、HONO 和过氧化氢(H_2O_2)的光解也可能是 OH 或 HO_2 自由基的重要来源。因此对 HONO 进行监测可提前为 O_3 防治提供预警。气态亚硝酸(HONO)分析仪采用长光程吸收光谱法。该仪器是一种湿化学原位测量设备,使用它可以在外部采样单元中对 HONO 进行化学采样,并在测量仪器中将其转化为偶氮染料后在长程吸收中进行光度法测量。

(5)光解光谱在线分析仪通过在线连续测量大气中多种物质(NO_2、NO_3、HONO、

$HCHO$、H_2O_2)的光解速率,应用于大气光化学污染状况分析中。光解光谱在线分析仪基于光谱仪进行检测。光谱仪利用石英接头收集来自各个方向的太阳辐射,并将收集到的光辐射通过光学石英纤维连接至光谱仪,由光谱仪获得一定波长范围内的光谱信息。计算机根据出厂前对光谱仪的校准将光谱扫描信号转为光化通量。通过光化通量与已知的吸收截面和量子产率积分计算得出光解速率常数。

图 4-92　多种光化学反应前体物和光化学烟雾的在线监测设备

点位 4:气溶胶观测实验室。

点义:与大气颗粒物光学性质有关的参数在线监测。

内容:大气颗粒物对光的影响有两种不同的机理,即吸收和散射。吸收是指颗粒物将入射光的一部分能量转化为内能,使光能损耗光强降低。散射是指由于颗粒物的存在,入射光方向改变的现象,不会造成能量损失。颗粒物的散射包括反射、折射和衍射 3 种效应,影响最大的过程是衍射和双重折射。因此颗粒物不只向前方散射光线,也可以向侧向和反向散射光线。

大气颗粒物的消光作用可以用消光系数来描述。消光系数是指穿过颗粒物的光强所衰减的比例。消光系数等于吸收系数与散射系数之和。吸光系数指颗粒物在单位浓度及单位厚度时的吸光度。散射系数用来描述大气中颗粒物对辐射通量散射作用的强弱。除颗粒粒径外,颗粒物对光的吸收和散射还受到化学组成混合状态及形貌特征的影响,例如颗粒物对可见光谱的吸收绝大部分是由黑碳气溶胶或含有黑碳气溶胶的成分引起的。

图 4-93 为大气浊度仪。大气浊度仪用于对大气中颗粒物的光学散射(散射系数)进行连续、实时的测量。在采样泵的驱动下,大气颗粒物通过进气管进入测量室。在测量室内,浊度仪发出光线,并穿过一段样品空气。样品空气对光源入射光产生散射,使光电倍增管检测到正比于入射光强的散射光的电信号。测量室内安装隔板,仅可容纳一狭小锥体内的散射光到达光电倍增管(散射角在 10°～171°之间),可有效减小多次散射杂散光的影响。

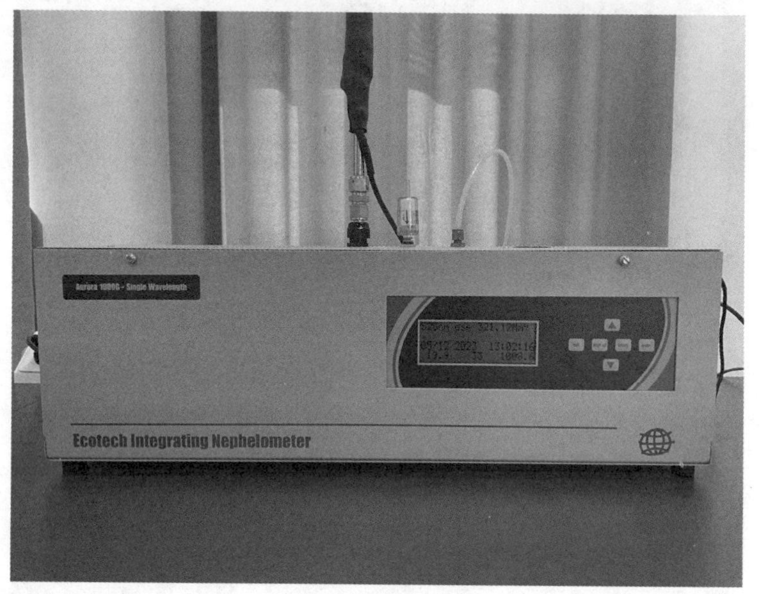

图 4-93　大气浊度仪

图 4-94 为颗粒物粒径谱仪。颗粒物粒径谱仪主要用于测量大气中 PM_{10}、$PM_{2.5}$、PM_1 的质量浓度及 31 个粒径范围(0.25～32μm)内颗粒物的数浓度(单位体积内颗粒物的个数)。

图 4-94　颗粒物粒径谱仪

颗粒物粒径谱仪采用 90°激光散射法进行测量。抽气泵以恒定流量 12L/min 将环境空气吸入样气室。半导体激光源以高频率产生绿色激光照射样气室，其频率足够快，保证样气室中的颗粒物浓度在一定范围内（0.5～1500$\mu g/m^3$），不会错过穿过气室的任何颗粒物。如有颗粒物存在，激光照在上面会发生散射，在同一平面上与激光照射方向呈 90°的检测器会收到被对面的反射镜聚焦的散射光，其强弱与颗粒物的直径大小有关系。如果在某一时刻样气室没有颗粒物，激光就会穿过样品室到达吸收井被吸收。

图 4-95 为黑碳气溶胶分析仪（Magee，AE-31-ER）。黑碳气溶胶分析仪采用差分光透射法，基于收集在滤膜带上颗粒物的增加而导致光学衰减率增加的原理，对采样空气中黑碳气溶胶的浓度进行测定。对黑碳气溶胶进行监测，不仅可以提供黑碳气溶胶浓度的基础数据，还可以利用黑碳气溶胶作为示踪物质，随时监测观测点受局地污染气团的影响程度。

图 4-95　黑碳气溶胶分析仪

点位 5：气象及辐射测量实验室。

点义：大气物理特性与气象参数等的监测。

内容：大气稳定度是指垂直方向上大气稳定的程度，即是否易于发生对流。对于大气稳定度可以作这样的理解，如果一气块受到外力的作用，产生了上升或下降运动，当外力去除后，可能发生 3 种情况：①气块减速并有返回原来高度的趋势，称这种大气是稳定的；②气块加速上升或下降，称这种大气是不稳定的；③气块被外力推到某一高度后既不加速也不减速，保持不动，称这种大气是中性的。

大气稳定度是衡量大气污染物扩散程度的重要指标。当大气稳定度低时，热力湍流发展旺盛，对流强烈，污染物易扩散，空气质量较好。当大气稳定度高时，湍流受到抑制，污染物不易扩散稀释，形成污染。特别当逆温层出现时，低空像蒙上一个“盖子”，使污染物聚集地表，造成严重污染。这也是灰霾天气形成的主要气象条件。

图 4-96 为大气稳定度分析仪，大气稳定度分析仪利用盖格-米勒计数原理，对空气中颗粒物上附着氡(Rn)的自然放射性进行 β 射线计数测量，根据测量值得到近地面大气扩散的程度，从而得到大气稳定度。大气稳定度分析仪提供了连续的大气稳定度测量数据。基于大气稳定度的测量数据和各种污染物的测量数据，结合气象要素，可以对灰霾、$PM_{2.5}$、O_3、VOCs 等空气中的污染物进行综合分析，从而掌握空气污染的形成机理、发展过程和未来趋势。

图 4-96　大气稳定度分析仪

点位 6：卫星遥感地面接收站。

点义：卫星遥感地面接收站的功能。

内容：图 4-97 为卫星遥感地面接收站。卫星遥感地面接收站主要包括卫星信号接收天线，同时采用低插入损耗材料的天线罩用于辅助保护。天线罩具有良好的电磁波穿透特性，机械构造上具有抗风、防雨等性能。

卫星遥感地面接收站可以实现 Terra/Aqua 卫星向新一代卫星观测系统的顺利过渡和满足对大气环境的连续动态监测业务的可持续发展需求。通过建立卫星地面接收站，全面提升遥感数据获取能力，进而开展空气质量的卫星遥感监测应用，形成天-地统筹的环境监测技术体系，形成小时级、天级、月级、季度级、年度级等多尺度遥感数据体系，实现大范围、全天候、全天时的立体动态监测，提高大气环境监测水平。

卫星遥感地面接收站的主要功能包括：①精确的卫星跟踪功能；②信道抗干扰能力，确保接收到高品质数据；③数据接收能力，每天至少接收 4 条轨道数据；④数据处理及应用，遥感卫星资料地面接收站每天至少接收 2 次(白天和晚上各 1 次)、4 条轨道数据。轨道数据接收完后应及时完成数据的处理及应用。

图 4-97　卫星遥感地面接收站

4.7.4　教学方法

通过实地考察结合基本概念认识、背景资料介绍和教师现场讲解，了解大气污染与空气质量监测的相关知识及大气污染物监测仪器的基本工作原理和监测方法。

4.7.5　野外实习后的总结和思考

(1)常见的大气污染物有哪些？来源是什么？

(2)大气颗粒物由什么组成？不同粒径大小的颗粒物具有哪些危害？

(3)气象要素对于大气污染与空气质量监测具有哪些影响？

(4)光化学烟雾是怎样形成的？如何进行监测？

主要参考文献

蔡晓明，2002. 生态系统生态学[M]. 北京：科学出版社.

曹中煌，叶聪灵，董晶晶，2019. 大冶铁矿大理石矿床特征及开发前景分析[J]. 中国金属通报(8)：216-218.

程岚，2014. 工业废弃地的生态恢复与景观再生[D]. 咸阳：西北农林科技大学.

董辰，2021. "三生空间"视角下的武汉城市圈土地利用转型及生态环境效应研究[D]. 武汉：华中师范大学.

葛绪广，张欢欢，陈琳，等，2017. 矿区蕨类植物重金属富集性调查研究：以黄石国家矿山公园为例[J]. 湖北师范大学学报：自然科学版，37(1)：8-11.

郝吉明，马广大，王书肖，2021. 大气污染控制工程[M]. 4 版. 北京：高等教育出版社.

金岚，2001. 环境生态学[M]. 北京：高等教育出版社.

李博，杨持，林鹏，2000. 生态学[M]. 北京：高等教育出版社.

李军，胡晶，2007. 矿业遗迹的保护与利用：以黄石国家矿山公园大冶铁矿主园区规划设计为例[J]. 规划师，3(11)：45-48.

宁立波，黄景春，徐恒力，2019. 高陡岩质边坡覆绿地境再造技术及理论研究[M]. 北京：地质出版社.

彭红，2011. 矽卡岩型铁矿床成矿问题及控矿地质条件的分析[J]. 赤峰学院学报(自然科学版)，27(8)：114-116

彭少麟，2021. 恢复生态学[M]. 北京：科学出版社.

秦高远，周跃，郭广军，等，2006. 矿山生态恢复研究进展[J]. 云南环境科学，25(4)：19-21.

任海，刘庆，李凌浩，等，2019. 恢复生态学导论[M]. 3 版. 北京：科学出版社.

任心欣，俞露，2017. 海绵城市建设规划与管理[M]. 北京：中国建筑工业出版社.

任雪莹，2022. 武汉城市圈水资源可持续利用研究[D]. 武汉：武汉工程大学.

苏慧敏，蒋少涌，杨香华，2022. 武汉周边地质认知教学实习指导书[M]. 武汉：中国地质大学出版社.

田昌贵，李先福，吴燕玲，2007. 黄石国家矿山公园矿产地质遗迹研究与评价[J]. 资源环境与工程(S1)：135-141.

王家生，2011. 北戴河地质认识实践教学指导书[M]. 武汉：中国地质大学出版社.

谢映霞，章卫军，2020. 海绵城市典型设施建设技术指引[M]. 北京：中国建筑工业出版社.

薛清泼，徐九华，陈伟，等，2006. 大冶铁矿尖林山-狮子山矿段接触带形态及控矿规律分析[J]. 有色金属(矿山部分)，58(5)：14-16.

杨锁华，2018. 武汉城市圈生态系统服务价值时空分异影响机制研究[D]. 武汉：中国地质大学(武汉).

尹澄清，2009. 城市面源污染的控制原理和技术[M]. 北京：中国建筑工业出版社.

於孝申，王定兴，胡茜，2021. 黄石矿山废弃地生态修复的历史文化功能探究[J]. 湖北理工学院学报：人文社会科学版，38(1)：29-36.

张子萍，刘敏，方元平，等，2011. 湖北黄石国家矿山公园种子植物区系研究[J]. 安徽农业科学，39(3)：1261-1262，1264.

朱宗敏，陈林，王家生，2019. 北戴河地质认识实习指导书[M]. 武汉：中国地质大学出版社.

ECKART K，MCPHEE Z，BOLISETTI T，2017. Performance and implementation of low impactdevelopment：a review[J]. Science of The Total Environment，607：413-432.

FLETCHER T D，SHUSTER W，HUNT W F，et al.，2015. SUDS，LID，BMPs，WSUD and more：the evolution and application of terminology surrounding urban drainage [J]. Urban Water Journal，12(7)：525-542.

HUANG L Q，LUO J Y，LIL X，et al.，2022. Unconventional microbial mechanisms for the key factors influencing inorganic nitrogen removal in stormwater bioretention columns [J]. Water Research，209：117895.

LI L Q，SHAN B Q，YIN C Q，2012. Stormwater runoff pollution loads from an urban catchment with rainy climate in China [J]. Frontiers of Environmental Science & Engineering，6(5)：672-677.

LI L Q，YANG J M，DAVIS A P，et al.，2019. Dissolved inorganic nitrogen behavior and fate in bioretention systems：role of vegetation and saturated zones [J]. Journal of Environmental Engineering，145(11).

LI L Q，DAVIS A P，2014. Urban stormwater runoff nitrogen composition and fate in bioretention systems[J]. Environmental Science & Technology，48(6)：3403-3410.

NATIONAL RESEARCH COUNCIL，2008. Urban stormwater in the United States [M]. Washington，DC：National Academies Press.

JØRENSEN S E，2013. 系统生态学导论[M]. 陆健健，译. 北京：高等教育出版社.